粒子图像测速系统

从入门到精通

主　编　郝宗睿

副主编　刘　刚　任万龙　魏润杰

U0163476

 西安交通大学出版社
XI'AN JIAOTONG UNIVERSITY PRESS

国家一级出版社
全国百佳图书出版单位

图书在版编目(CIP)数据

粒子图像测速系统从入门到精通/郝宗睿主编. —西安：
西安交通大学出版社，2022.1(2023.1 重印)
ISBN 978 - 7 - 5693 - 1847 - 0

Ⅰ.①粒… Ⅱ.①郝… Ⅲ.①粒子-流速-
测量方法-图像处理 Ⅳ.①TB937 - 39

中国版本图书馆 CIP 数据核字(2020)第 227512 号

书　　名	粒子图像测速系统从入门到精通	
主　　编	郝宗睿	
责任编辑	刘雅洁	
责任校对	李　文	
出版发行	西安交通大学出版社	
	(西安市兴庆南路 1 号　邮政编码 710048)	
网　　址	http：//www.xjtupress.com	
电　　话	(029)82668357　82667874(市场营销中心)	
	(029)82668315(总编办)	
传　　真	(029)82668280	
印　　刷	西安日报社印务中心	
开　　本	787 mm×1092 mm　1/16　**印张**　8.25　**字数**　207 千字	
版次印次	2022 年 1 月第 1 版　　2023 年 1 月第 2 次印刷	
书　　号	ISBN 978 - 7 - 5693 - 1847 - 0	
定　　价	39.00 元	

如发现印装质量问题，请与本社市场营销中心联系。
订购热线：(029)82665248　(029)82667874
投稿热线：(029)82664954
读者信箱：85780210@qq.com

前言

　　粒子图像测速法(Particle Image Velocimetry,PIV),是一种瞬态、多点、无接触式的流体力学测速方法,其特点是能在同一瞬态记录下大量流场内空间点上的速度分布信息,并可提供丰富的流场空间结构以及流动特性。目前国内已出版的用于粒子图像测速法的教材主要集中在数字图像的基础知识、粒子匹配算法、测量误差修正算法等理论知识方面的介绍。随着PIV技术在流体力学测量领域的广泛应用,迫切需要一本PIV应用方面的指导性教材。

　　本书就是在这样的背景下完成的,本书的显著特点是面向读者在粒子图像测速实验过程中遇到的实际问题,将理论知识与实验的实际操作讲解有机地融合在了一起,有利于读者系统、深刻地理解相关的理论知识和操作技巧。

　　本书作为粒子图像测速法方面的专业教材,主要有以下特色:首先,本书是国内第一本系统性地讲解粒子图像测速法的基本原理、互相关理论、流体动力学基本理论、硬件组成、主要算法、实验方法及实际应用等内容的教材。内容翔实、准确,实用性强;其次,本书以粒子图像测速法的实现为主线,将理论知识有机地融合到了PIV实验的实际操作、算法编写、图像分析及后处理的全过程中,生动形象地讲解了粒子图像测速法,有助于读者系统、深刻地理解相关的理论知识和操作技巧;最后,本书选取了经典的实验案例,让读者可以更加直观地理解粒子图像测速法。

　　本书可作为海洋类专业、流体类专业学生的选修课教材,也可作为船舶与海洋工程、宇航航空科学与技术、环境科学与工程、交通运输工程、动力工程及工程热物理等相关专业的科研人员及高等院校师生的参考书籍。

　　齐鲁工业大学(山东省科学院)郝宗睿研究员任本书主编,齐鲁工业大学(山东省科学院)的刘刚博士、任万龙博士及北京立方天地科技发展有限责任公司魏润杰总经理任本书副主编,齐鲁工业大学(山东省科学院)的华志励副研究员、王越副研究员参编本书。其中,刘刚编写第1、2章,任万龙编写第3章,魏润杰编写第4章,华志励编写第5章,王越编写第6章。全书由郝宗睿统稿审定。

　　由于作者水平有限,书中难免有纰漏和不足之处,恳请读者批评指正。

作　者

2021 年 11 月

目 录

第 1 章　PIV 原理及发展

粒子图像测速(Particle Image Velocimetry,PIV),是 20 世纪 70 年代末开始发展的一种瞬态、多点、无接触式的流体力学测速方法,近几十年来得到了不断完善与发展。PIV 技术的特点是超越了单点测速技术的局限性,能在同一瞬态记录下大量空间点的速度分布信息,并可提供丰富的流场空间结构和流动特性。

1.1　PIV 基本原理

在流场中布撒大量示踪粒子(粒径小于 10 μm)跟随流场运动(空气中使用空心玻璃微珠或者液体小颗粒烟雾,水中使用密度接近水的空心玻璃微珠),将激光束经过组合透镜扩束成片光照明流场,再使用数字相机拍摄流场照片。对得到的前后两帧粒子图像进行互相关计算,得到流场一个切面内定量的速度分布。进一步处理可得流场涡量、流线以及等速度线等流场特性参数分布,上述原理如图 1.1 所示。

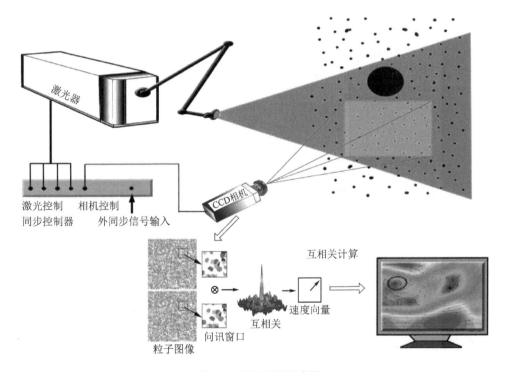

图 1.1　PIV 原理示意图

在已知的时间间隔 Δt 内,跟随流体运动的示踪粒子由脉冲激光器发出,经过透镜组片光照射的作用将粒子的瞬间位置记录在电荷耦合器件(Charge Coupled Device,CCD)芯片上。如果我们知道在 t_1 与 t_2 这两个时刻同一颗粒微团的位移变化,从记录所得颗粒图像中,根据速度的定义式就可以获得颗粒群在 t_1 时刻的运动速度 v,如式(1-1)所示。

$$v = \lim_{\Delta t \to 0} \frac{\Delta s}{\Delta t} \qquad (1-1)$$

一般地,在应用 PIV 技术时,有三个假设:

(1)示踪粒子跟随流体运动。由于 PIV 技术是通过测量示踪粒子的运动速度来测量流体运动速度,因此就要求示踪粒子相对于流体有很好的跟随性。直径 $d \leqslant 10~\mu m$ 的示踪粒子在流体中跟随性比较好。

(2)示踪粒子在流场中均匀分布。如果示踪粒子在流场中没有均匀分布,则在粒子浓度过大或过小处容易产生明显的错误向量。通过实施向量修正可以去除部分错误向量,但如果错误向量过多时,则无法完全去除。

(3)判读区内具有唯一的速度分布。

1.2　互相关理论

在对采集的图像进行分析时,首先需要明确"判读区"的概念:它是指在图像中一定位置取一定尺寸的正方形图,通过对判读区进行信号处理,就可以获取速度分布。假设系统在 t_0 以及 $t_0 + \Delta t$ 这两个时刻分别获取图 1 和图 2,在图 1 和图 2 中相同位置获取两个同样尺寸大小的判读区 $f(m,n)$ 以及 $g(m,n)$,(m,n) 表示 f 与 g 分别在图 1 与图 2 中的相对位置,对 f 与 g 进行处理就可以获得此判读区对应位移 s,示意图如图 1.2 所示。

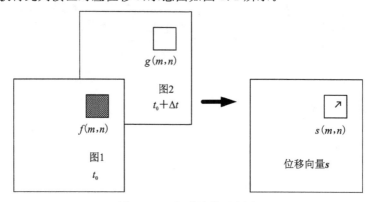

图 1.2　互相关计算示意图

判读区 f、g 与位移向量 s 之间数字信号传递函数关系如图 1.3 所示(图中 F, G, S 分别对应 f, g, s 经傅里叶变换所得)。

图 1.3 中 $f(m,n)$ 表示系统输入,$g(m,n)$ 表示系统输出,$s(m,n)$ 表示空间位移函数(对应于系统的脉冲响应),$d(m,n)$ 表示附加的噪声,此噪声是由粒子离开判读区的边缘或粒子由于三维运动进入光屏所造成的。当然,$f(m,n)$ 和 $g(m,n)$ 的原始采样也必然包含噪声。

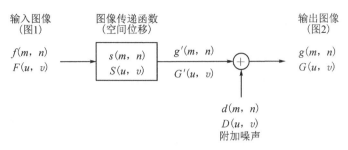

图 1.3　互相关分析传递函数图

PIV 图像分析主要任务是计算空间位移函数 $s(m,n)$，但噪声 $d(m,n)$ 的出现使问题变得复杂。整个系统工作关系式为

$$g(m,n) = \left[f(m,n) * s(m,n)\right] + d * (m,n) \tag{1-2}$$

其中，$*$ 为 f 与 s 的卷积运算。位移除以获取两幅图像的时间间隔 Δt 就是判读区的平均位移。

假定噪声信号可以忽略，对式(1-2)两边分别进行傅里叶运算可得：

$$g(m,n) \approx f(m,n) \cdot s(m,n) \Leftrightarrow G(u,v) = F(u,v) \cdot S(u,v) \tag{1-3}$$

其中，$G(u,v)$，$F(u,v)$，$S(u,v)$ 分别为 $g(m,n)$，$f(m,n)$，$s(m,n)$ 经离散傅里叶变换所得。$S(u,v)$ 的近似结果可以通过式(1-2)获得，如果 $d(m,n)$ 的作用可以忽略，逆向变换 $S(u,v)$ 就可以恢复位移函数 $s(m,n)$。

为了加快上述步骤运算速度，在进行离散傅里叶变换时，使用快速傅里叶变换(Fast Fourier Transfer，FFT)加快运算速度，数字粒子图像测速(Digital Particle Image Velocimetry，DPIV)系统从图像中分析获得粒子速度的过程如图 1.4 所示。

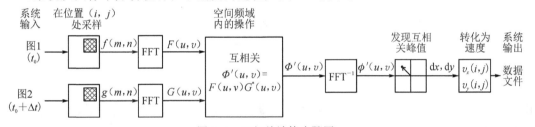

图 1.4　互相关计算步骤图

图中 $\mathrm{d}x$ 与 $\mathrm{d}y$ 分别是经过傅里叶逆运算后结果最大值相对于中心位置在 x 和 y 两个方向上坐标的变化，故 $v_x = \mathrm{d}x/\Delta t$，故 $v_y = \mathrm{d}y/\Delta t$。

1.3　流体动力学参量

1.3.1　涡量

物理意义：流体微团运动的基本形式有平动、变形和转动。涡量标志着流体微团的转动。有旋运动和无旋运动就是按涡量是否等于零而分类的。按速度的空间变化率所组成的方阵可分解成一个对称方阵和一个反对称方阵，反对称方阵所代表的就是涡量张量。涡量是个矢量，是空间坐标与时间的函数,它的空间分布确定了涡量场。

$$\boldsymbol{\Omega} = \boldsymbol{\nabla} \times \boldsymbol{u} = \begin{vmatrix} \boldsymbol{e}_x & \boldsymbol{e}_y & \boldsymbol{e}_z \\ \dfrac{\partial}{\partial x} & \dfrac{\partial}{\partial y} & \dfrac{\partial}{\partial z} \\ u_x & u_y & u_z \end{vmatrix} = (\dfrac{\partial u_z}{\partial y} - \dfrac{\partial u_y}{\partial z})\boldsymbol{e}_x + (\dfrac{\partial u_x}{\partial z} - \dfrac{\partial u_z}{\partial x})\boldsymbol{e}_y + (\dfrac{\partial u_y}{\partial x} - \dfrac{\partial u_x}{\partial y})\boldsymbol{e}_z \quad (1-4)$$

其中,$\boldsymbol{\Omega}$ 为涡量;$\boldsymbol{u}$ 为速度矢量,u_x、u_y、u_z 分别为其在 x、y、z 方向上的分量;$\boldsymbol{e}_x$、$\boldsymbol{e}_y$、$\boldsymbol{e}_z$ 分别为 x、y、z 方向上的单位矢量。

1.3.2　脉动量

物理意义:脉动量的变化过程具体体现了随机量的不规则变动,公式如下:

$$\xi' = \xi - \bar{\xi} \quad (1-5)$$

$$\bar{\xi} = \frac{1}{T} \int_{-\frac{T}{2}}^{\frac{T}{2}} \xi \mathrm{d}t \quad (1-6)$$

其中,ξ 为随机变量的瞬时值;$\bar{\xi}$ 为随机变量的时均值;T 为时间。

1.3.3　切应变率

物理意义:切应变率表示单位时间的切应变或速度在某一方向的变化率。

$\mathrm{d}u/\mathrm{d}y, \mathrm{d}v/\mathrm{d}x, \mathrm{d}u/\mathrm{d}x, \mathrm{d}v/\mathrm{d}y, \mathrm{d}w/\mathrm{d}z$

分别代表 u 在 y 方向的梯度,速度 v 在 x 方向的梯度,速度 u 在 x 方向的梯度,速度 v 在 y 方向的梯度,速度 w 在 z 方向的梯度。

1.3.4　湍流强度

物理意义:湍流强度是代表来流扰动程度的参数。

$$N = \frac{\sqrt{\overline{u'^2}}}{u_\infty} = \frac{\sqrt{\dfrac{1}{3}(\overline{u'^2_x} + \overline{u'^2_y} + \overline{u'^2_z})}}{u_\infty} \quad (1-7)$$

其中,N 为湍流强度;u 为流速,u' 为 u 的脉动量,$\sqrt{\overline{u'^2}}$ 为 u' 的均方根,代表 u' 的标准差;u_∞ 为来流流速;u'_x、u'_y、u'_z 为三个坐标轴方向的来流脉动速度。

1.3.5　湍动能

物理意义:湍动能表征流体湍流的强弱。

$$k = \frac{1}{2}\rho \overline{(u'_i)^2} = \frac{1}{2}\rho \overline{(u'^2_x + u'^2_y + u'^2_z)} \quad (1-8)$$

其中,k 为湍动能;ρ 为流体密度。

1.3.6　雷诺应力

物理意义:雷诺应力分量 $[-\rho \overline{u'_x u'_y}]$ 可以解释为通过垂直于 x 向平面的单位体积流体的 y 向动量。$\rho u'_x$ 表示单位时间通过法线为 x 的平面上单位面积的质量,乘 u'_y 后即为单位时间单位体积流体的 y 向动量,故 $[-\rho \overline{u'_i u'_k}]$ 表示由于紊动引起的平均动量流。雷诺应力 $\overline{\tau_{xy}'}$

表示如下

$$\overline{\tau_{xy}{}'} = \begin{bmatrix} -\rho\,\overline{u_x'u_x'} & -\rho\,\overline{u_x'u_y'} & -\rho\,\overline{u_x'u_z'} \\ -\rho\,\overline{u_y'u_x'} & -\rho\,\overline{u_y'u_y'} & -\rho\,\overline{u_y'u_z'} \\ -\rho\,\overline{u_z'u_x'} & -\rho\,\overline{u_z'u_y'} & -\rho\,\overline{u_z'u_z'} \end{bmatrix} \qquad (1-9)$$

1.4 误差修正方法

误差是任何科学实验中都会客观存在的影响因素,在 PIV 中亦是如此。为了减少误差对结果的影响,研究者们开发了许多修正方法。

1.4.1 亚像素拟合法

由于目前的 PIV 系统中记录实验图像的 CCD 芯片的最小单位都是 1 个像素(Pixel),所以上述互相关计算结果误差在 ± 1 pixel。一般地,对于大小尺寸为 $N=64$ pixel 的判读区,根据奈奎斯特(Nyquist)采样定律,计算所得位移不超过 $N/2$,此时,误差大约为 $1/(64/2)=3.13\%$,这种量级的误差发生在从图像中提取速度这一环节是不能够被接受的,所以,研究者们纷纷使用曲线拟合方法将计算结果精度提高到 ± 0.1 pixel(即亚像素精度),这样就可以使误差降低至 0.3% 左右。

亚像素拟合主要有三种方式:中心拟合、抛物线拟合以及高斯拟合。其中三点高斯拟合得到了最广泛的使用。

高斯拟合公式为

$$f(x) = Ce^{-\frac{(x_0-x)^2}{k}} \qquad (1-10)$$

其中,C 为高斯曲线的峰高;x_0 为峰位置;k 为半高宽。

1.4.2 错误向量修正法

在实际情况下,由于无法做到采集图像中各个局部地区均能满足粒子均匀分布的要求,所以相关计算结果中经常出现少数明显有错误的向量,因此速度修正方法往往是计算后必不可少的一个步骤。

软件中对错误向量修正的基本思路是:根据流体连续性方程,使一个计算点周围的速度与它之间的差异不能太大,如图 1.5 所示。

$U_{2D}(i,j)$ 表示计算所得结果,$U(1)\sim U(8)$ 分别表示周围 8 个计算结果。

MicroVec 3 软件中所使用的错误向量修正公式为

$$|\boldsymbol{U}_{\text{diff},n}| = |\boldsymbol{U}_{2D}(\text{mean}) - \boldsymbol{U}_{2D}(i,j)| < \varepsilon_{\text{thresh}}, \varepsilon_{\text{thresh}} > 0 \qquad (1-11)$$

其中,$\boldsymbol{U}_{2D}(\text{mean})$ 是 $U(1)\sim U(8)$ 这 8 个速度平均值;$\varepsilon_{\text{thresh}}$ 为判断阈值。式(1-11)表示,当 $|\boldsymbol{U}_{\text{diff},n}|$ 大于阈值 $\varepsilon_{\text{thresh}}$ 时,就认为计算所得结果为错误结果,应予剔除,并用中值滤波算法得到的计算结果代替 $\boldsymbol{U}_{2D}(i,j)$。

中值滤波算法:将计算结果周围的 $U(1)\sim U(8)$ 这 8 个计算结果按照数值大小进行排序,以排序后的中间值来替换原计算结果。

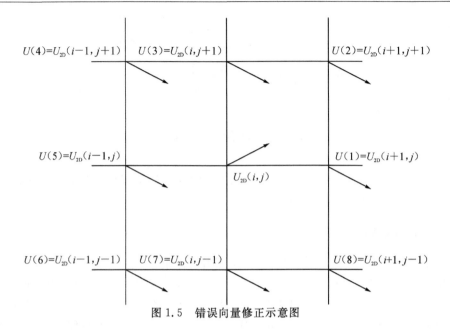

图 1.5　错误向量修正示意图

1.4.3　图像偏置法

常用的互相关运算如 1.2 节中所述:在两幅图中相同位置分别选取同样大小尺寸的判读区进行互相关计算。图像偏置主要是基于这样的想法:既然互相关计算结果表明,此处对应流体微团有一个位移。如果在第二幅图中判读区取有一定偏置的图像,再进行互相关计算所得结果将更准确。学者研究结果表明图像偏置可以有效地提高信噪比,改善计算精度,上述偏置过程如图 1.6 所示。

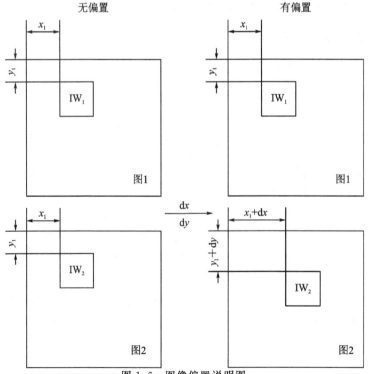

图 1.6　图像偏置说明图

1.4.4　迭代算法

由前述可知,图像偏置算法可以提高互相关计算的信噪比。如果我们在前一次计算的基础上,缩小判读区尺寸,再引入图像偏置算法,就可以形成迭代算法。由于综合了互相关计算以及图像偏置技术这二者的特点,迭代算法结果将比没有迭代的计算结果更为精确,但迭代计算过程比较费时间。MicroVec 3 软件中添加了迭代算法,迭代次数可以设定。

相应的判读区尺寸(像素)迭代变化为:128 pixel→64 pixel→32 pixel→16 pixel→8 pixel→4 pixel。

2 次迭代过程如图 1.7 所示(上一次使用大判读区的计算结果,作为下一次小判读区计算的预报值,使用这个预报值进行图像偏置的互相关计算)。

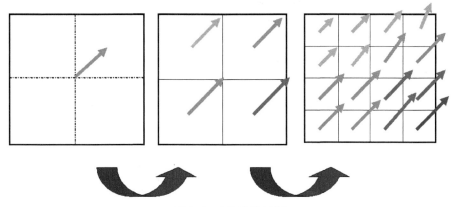

图 1.7　2 次迭代过程

通过迭代算法使用小的判读区尺寸计算大的位移量(超过判读区尺寸)成为了可能。

1.4.5　变形窗口算法

对于变化比较强烈的漩涡或者对流等速度变化梯度比较大的流场,由于同一个判读区内的粒子运动方向和大小不一致,会导致计算结果有一定误差,并具有平滑效果。因此就需要引入变形窗口算法来解决这个问题,如图 1.8 所示。类似于迭代算法,变形窗口算法通过第一次的粗略计算结果,使用人工图像合成技术,在第二幅已经由于流动变形后的图像中,再次合成一幅与第一幅图像接近的图像,进行互相关计算;并且用本次计算的结果来修正上一次的结果,不断循环计算,直到合成的图像与第一幅图像几乎一致为止(可以软件设定循环次数)。通过这种变形窗口计算方式,可以有效抵消由于速度场剧烈变化引起的计算误差,不断地循环修正逼近真实值。

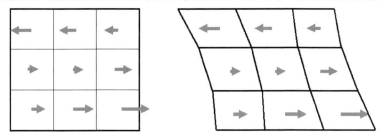

图 1.8　窗口变形算法

1.4.6 测量精度法

对人工旋转流场的粒子图像计算结果的误差分析如图1.9与图1.10所示(计算时判读区为32 pixel×32 pixel,计算结果未修正)。图1.10为粒子经过中心点沿径向的速度分布及其线性拟合直线,经过线性拟合后,实际计算结果的线性相关度为0.99964,全部结果的标准差小于0.1 pixel。如果以实际测量结果的量程为10个像素计算,软件系统的相对误差小于:0.1/10=1%。

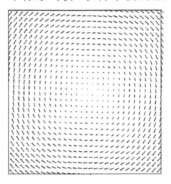

图1.9　人工旋转速度场结果图

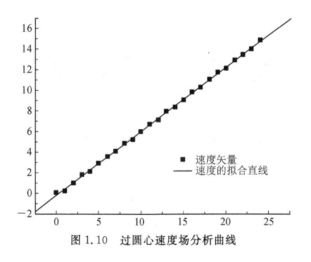

图1.10　过圆心速度场分析曲线

以上的模拟方式属于典型的数值模拟验证,只能衡量出PIV图像系统测量误差的一个主要方面。而采用物理方式验证PIV系统的测量精度,则可以通过低湍流强度水洞实验测量整个水洞湍流强度流场,以及水洞电机转速与流速的线性相关度。

总的来说,PIV系统的测量误差可分为系统误差和随机误差。但是在实际PIV系统中,由于要通过复杂的光学系统、激光器系统、同步控制器、软件计算等各个环节,很难明确区分系统误差和随机误差。因此在实际评价PIV系统总的测量误差时,通用的办法是采用测量偏差和不确定度来表示;同时PIV系统作为一个测量仪器,也可以使用一个标称误差来标示。而且在实际测量中也可以通过流场品质很好的水洞来校准PIV系统,另外多年来大家都采用公认的蒙特卡罗模拟(Monte Carlo Simulations)对PIV图像系统进行系统的分析。

经过多方面的实际实验和分析论证,PIV系统的测量误差主要与以下几个方面有关:

(1)粒子图像中颗粒的粒径大小;

(2)粒子图像中颗粒的实际位移尺寸;

(3)粒子图像中颗粒的浓度;

(4)粒子图像的灰度等级;

(5)粒子图像的背景噪音;

(6)流场中速度的变化梯度;

(7)粒子垂直于片光运动造成的粒子丢失;

(8)双脉冲激光器外触发的稳定性和一致性;

(9)同步控制器触发信号的精确度;

(10)PIV 系统软件的参数选择和处理方式;

(11)PIV 系统的实验方案设计。

1.5　PIV 发展与应用

尽管在数百年前,研究者就已经采用持续地向流体中添加颗粒或物体的方法来观察其流动,但并没有形成关于该方法的体系性应用或研究。20 世纪初,德国科学家路德维希·普兰特(Ludwig Prandtl)首先使用粒子测速方法,系统地研究了流体的流动现象,开创了这一实验体系[1]。

激光多普勒测速技术(Laser Doppler Velocimetry,LDV)作为激光数字分析系统,在 PIV 之前已广泛用于科学研究和工业用途。LDV 能够获得特定点上流体的速度测量值,可以将其视为二维 PIV 的前身。PIV 本身起源于激光散斑测速技术(Laser Speckle Velocimetry,LSV),1977 年三个不同的研究小组:Barker 和 Fourney[2],Dudderar 和 Simpkins[3],以及 Grousson 和 Mallick[4]。他们分别独立地通过测量层流管中的抛物线轨迹证明了将激光散斑现象应用于流体观测的可行性。在 20 世纪 80 年代初期,Pickering 和 Halliwell[5] 与 Adrian[6] 发现将颗粒浓度降低到可以观察单个颗粒的水平,并且采用片光源,更有利于流场分析。1992 年,Keane 与 Adrian 发现,如果将流场分成许多非常小的"询问"区域,就可以对其进行独立分析。在每个区域生成一个速度,可以更简单地合成完整的流场分布结果[7]。

在 20 世纪的研究工作中,通常使用模拟摄像机记录图像,但清晰度较低。而且,PIV 分析中采用的互相关计算需要大量的算力来进行,即使是当时的大型计算机也要花费大量时间才能完成。进入 21 世纪之后,随着计算机性能的快速提升,通用计算技术的开发和数字相机的广泛使用,PIV 变得越来越便于应用,成为了当今主流的流场分析技术。在 20 世纪 90 年代初期,数字影像记录技术逐渐开始成为 PIV 图像记录的主流,Nishino 等人[8]利用数码相机获取了超过 19200 张流场照片,便利性远高于传统的胶片式相机,而且数据易于导入计算机进行处理。另一个重要发明是行间转移相机,它可以通过将第一幅图像上的每一行像素快速转移到相邻一行的像素上进行存储,然后拍摄第二幅图像,以快速保存连续记录的两个图像,这使得更大速度范围的流场信息可以被记录下来。由于 Lourenco 等人[9]的努力,柯达公司于 1995 年开始为 PIV 市场制造此类相机。

随着理论研究与设备的不断发展和完善,以及研究工作中对于流场测量中信息量要求的不断提高,PIV 实验技术也随之不断发展。传统的常规 PIV 测量只关注片光源所处的面内部的流场分布信息,即获得的结果信息是二维的。为了获得更高维度的速度分布信息,研究者们研究出了平面三维速度场 PIV(Stereoscopic PIV)以及层析成像 PIV(Tomographic PIV,Tomo-PIV)。

平面三维速度场 PIV 的测量区域仍然是一个平面,利用两个具有不同视角的相机获取法向的流速(如图 1.11 所示)。两台摄像机必须聚焦在流场中的同一点上,并且必须正确校准,以具有相同的焦点。平面三维速度场 PIV 早期通过粒子体积跟踪进行摄影测量(Guezennec et al.[10],Dracos et al.[11],Malik et al.[12])。

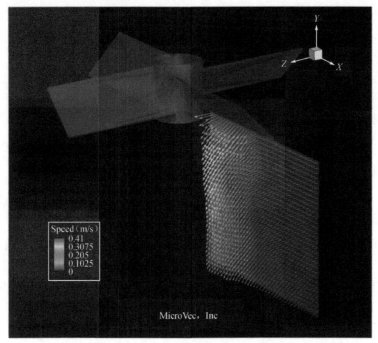

图 1.11　平面三维速度场 PIV 结果图

层析成像 PIV 如图 1.12 所示,是基于三维测量体中的示踪粒子的光照、记录和重建。该技术使用多台相机同步记录被照亮体的图像,然后重建得到离散的三维粒子分布场。利用三维互相关算法对两张连续的粒子分布场进行分析,计算出三维体内的三维 3C 速度场。该技术最初是由 Scarano、Elsinga 等人在 2006 年开发的[13,14]。为了获得足够的信息,至少需要使用 4 台相机进行拍摄,也有使用 6、8、10、12 台相机的拍摄方式,根据不同的相机数量,每台相机的拍摄角度都有严格的要求,以获得可信的结果,还有许多其他因素需要被考虑以保证实验的准确。

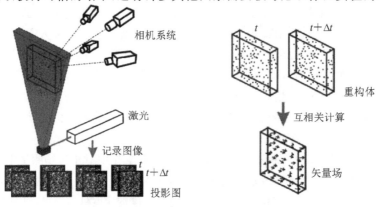

图 1.12　层析成像 PIV 原理图

层析成像 PIV 已广泛应用于各种流体。包括湍流边界层/激波相互作用的结构[15]、圆柱尾迹流的涡量[16]、俯仰翼型的涡量[17]、杆–翼型空气声学实验[18]，以及小尺度的微流动测量[19]。最近，层析成像 PIV 与 3D 粒子跟踪测速仪一起被用于了解捕食者–猎物的相互作用[20,21]，便携式 Tomo-PIV 已被用于研究南极独特的水生物[22]。

根据 Hinsch 提出的分类方法[23]，传统的二维 PIV 被称为 2D–2C PIV，平面三维速度场 PIV 被称为 2D–3C PIV，层析成像 PIV 被称为 3D–3C PIV。

研究者的关注点还扩展到了微观的流动现象。使用落射荧光显微镜，可以分析微观流动。Micro-PIV（微 PIV）利用特定波长激发荧光粒子发射另一特定波长的荧光。激光通过二向色镜反射，穿过物镜，聚焦在关注点上，并照亮区域。来自粒子的发射光以及反射的激光通过物镜、二向色镜以及窄带滤光片后，投射到相机的感光芯片上[24-26]（如图 1.13 所示）。

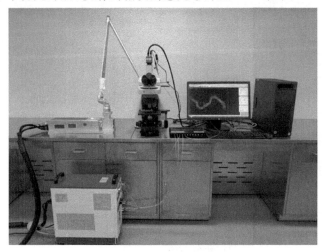

图 1.13　Micro-PIV 实验现场图[26]

数字技术的发展，使 PIV 的实时处理和应用成为了可能。例如，可以使用 GPU 进行通用计算，大大加快了基于傅里叶变换的单询问窗口互相关的计算速度。类似地，利用多个 CPU 或多个 GPU 的并行或多线程功能也有利于对多个询问窗口或多个图像进行分布式计算。一些应用已经采用了实时图像处理方法，例如，基于 FPGA 的实时图像压缩或图像处理。最近，PIV 的实时测量和处理功能已被证实可用于基于流动的反馈式主动控制[27]。

PIV 已经被广泛应用于处理各种各样的流动问题，从风洞中机翼上的流动到人工心脏瓣膜中漩涡的形成。下面简单介绍几个应用实例。

Day 等人使用 PIV 来表征 Heart Quest 置入式旋转心室辅助装置内的流动，识别潜在的高剪切或停滞区域，并验证和细化 CFD 模型[28]。Kaufmann 等人利用 PIV 验证了 CFD 模型，模拟了体外循环中受到出口套管[29]定位影响的血流分布。计算流体动力学研究的结果与 PIV 结果的差异在 10% 以内（如图 1.14 所示）。

在白色家电行业中，PIV 的应用也非常广泛。Chaomuang 等人[30]利用 PIV 技术进行了冰箱内部的风场测量。他们采用了一个对开门式的冰箱进行实验，发现在机柜顶部，发生了空气再循环，可能促进了周围空气通过门缝渗透。而当冰箱门打开时，外部混合层产生了较大的非定常涡流，导致环境空气被卷入到冰箱的内部流场中（如图 1.15 所示）。

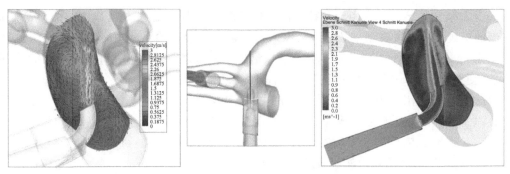

图 1.14　体外循环出口套管的血液流动泛分布的 CFD 与 PIV 结果对比[29]

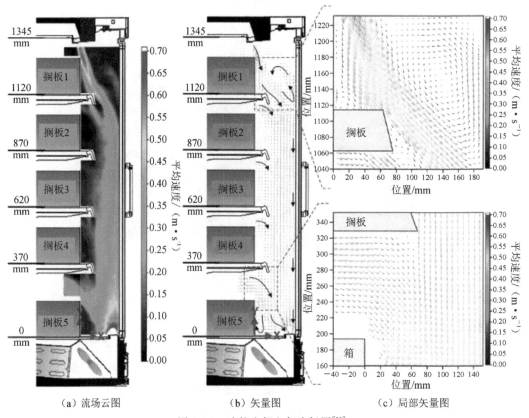

（a）流场云图　　　　　　　（b）矢量图　　　　　　　（c）局部矢量图

图 1.15　冰箱内部空气流场图[30]

　　Qin 等人[26]利用 Micro-PIV 系统微结合 CFD 研究了宽 5 mm、高 0.5 mm 的微柱阵列流道中的层流特性。对雷诺数在 100～400 范围内的流线分布和温度分布进行了详细的研究，如图 1.16 所示。实验发现当雷诺数较低时，不会出现回流。随着雷诺数的增加，回流首先出现在尾端，逐渐形成旋涡结构。

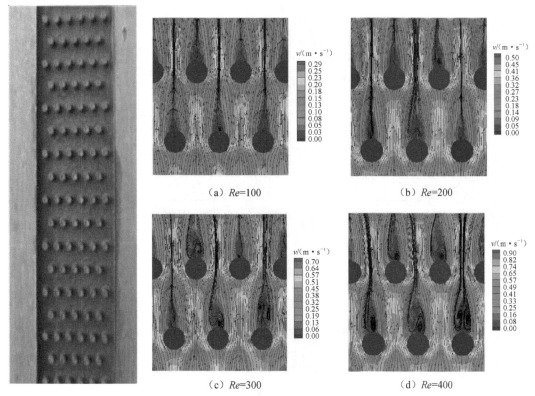

（a）Re=100   （b）Re=200

（c）Re=300   （d）Re=400

图 1.16   微流道放大示意图与流场实验结果[26]

　　泵的内流特性一直是学术界关注的重点,采用数值模拟方法可以较简便地得出结果,但由于泵的内流场非常复杂,数值模拟的结果与实际情况往往会有偏差,而基于实际模型的 PIV 实验则可以获得比较接近实际的结果。Zhang 等人[31]基于 PIV,对一台低比转速离心泵在叶轮中部的复杂流动结构进行了测量。测量在几种不同的流速下进行,如图 1.17 所示,重点放在蜗舌区域的流动结构上。实验发现,当流量低于额定工况时,叶片出口位置出现了典型的射流尾迹流型,射流尾迹区域的拐点位于叶片通道的中心;而在高流量时,由于高动量流体集中在叶片吸力侧,射流尾迹流型不明显。

　　飞行器方面,尤其是民用或军用飞行器的空气动力学性能一直是各国研究的重中之重。近几十年来,随着无人飞行器的快速发展,以及其在军事用途中隐身要求的不断提高,飞翼式布局的飞行器的空气动力学研究一直是科研界的热门。牛中国等人[32]利用中速风洞对某型飞翼布局飞行器的翼面流场结构进行了测量实验,如图 1.18 所示。

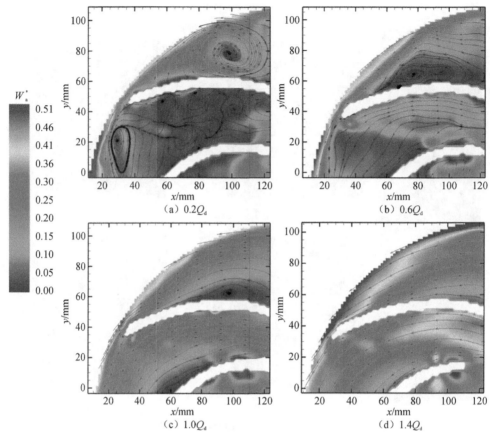

图 1.17　在不同流量下的流场分布结果[31]

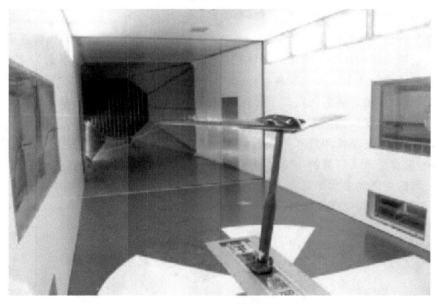

图 1.18　某型飞翼布局飞行器的风洞实验[32]

当车辆在高架桥上高速行驶的时候,侧向来风尤其是强烈的阵风容易造成车辆在行进方向发生偏转,从而大大增加了严重事故的发生概率。为了解决这一问题,在车辆的气动外形的设计过程中,需要关注如何减少高速行驶时侧向来风的影响。为了模拟移动车辆上突然的偏航角变化,Volpe 等人[33]利用一个改造后的双进风口风洞设备对一辆客车在短暂的交叉阵风作用下的流场进行了测量实验。基于 TR-PIV 和平面三维速度场 PIV 的实验,如图 1.19 所示,结合气流的非定常发展,解释了侧向力和偏航力矩的气动系数的瞬态演化。

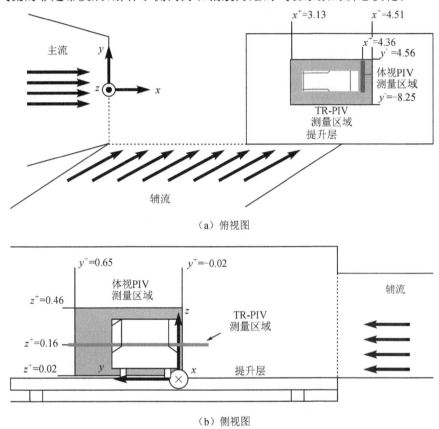

（a）俯视图

（b）侧视图

图 1.19　PIV 测量平面的位置[33]

White 等人[34]开发了一种基于 PIV 的变形测量系统,用于岩土工程学的测试。他们利用 PIV 高精度地测量出了土块的细密网格的运动过程。由于 PIV 是直接用拍摄的图像纹理进行分析,因此不需要像传统方式那样在观测土壤中安装侵入性目标标记。实验结果表明,该系统的精度、准确度和分辨率比以往基于图像变形的算法高一个数量级,可与实验室采用的单元测试仪器相媲美,如图 1.20 所示。

搅拌是最常见的混合方式,从工业到家庭日常生活,搅拌可以说是无处不在。但是搅拌过程本身是非常复杂的过程,其形成的流场形态包含有大量的不同类型的涡,不易通过数值模拟得到准确结果。González-Neria 等人[35]采用实验和数值方法研究了搅拌槽式反应器内 V 形槽轴流叶片的流体动力特性和混合特性。将基于 PIV 的结果与使用动态 Smagorinsky-Lilly 子网格尺度(SGS)模型的大涡模拟(Large Eddy Simulation,LES)的结果进行比较。同时对比了直叶片与带有 V 形槽的叶片之间的流场,如图 1.21 所示,两者在叶片的上表面存在明显的再循环区,并且由于沟槽的存在,叶片流中产生了新的涡。由于 V 形槽叶片在搅拌初期就可以产生较强的吸力,使搅拌整体时间缩短了 11% 左右。

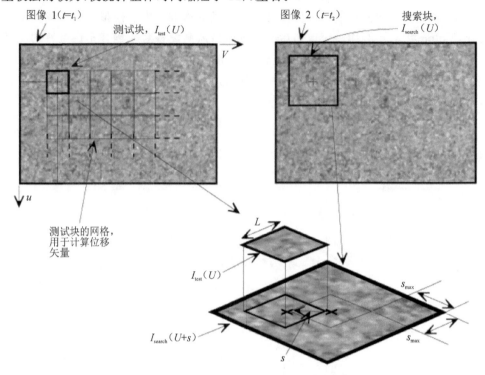

图 1.20　PIV 分析过程中的图像处理[34]

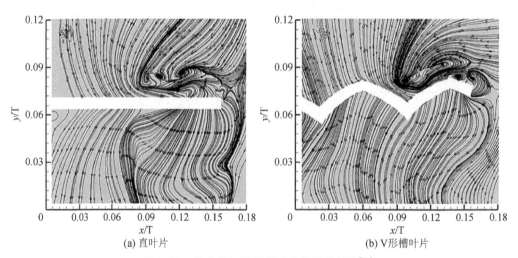

(a) 直叶片　　　　　　　　　　　　　(b) V形槽叶片

图 1.21　直叶片与 V 形槽叶片的流线对比[35]

第 2 章　PIV 硬件系统组成

PIV 系统中包含大量的硬件设备,根据不同的实验要求、实验条件,需要选择不同的硬件设备来完成实验,以获得良好的数据。因此,对于研究者来说,有必要熟悉 PIV 系统的各种硬件设备的功能及性能指标。PIV 硬件系统包含:成像单元、光源、同步控制器、图像分析工作站、图像采集卡、示踪粒子及其他附件。

2.1　成像单元

PIV 系统中的成像单元一般指 PIV 系统所用相机,如图 2.1 所示。

图 2.1　成像单元

粒子图像测速系统常用的相机有:普通数码相机、高速相机、跨帧/双曝光相机、工业相机等。相机按照芯片类型可以分为 CCD 相机、CMOS 相机。CCD 是 Charge Coupled Device(电荷耦合器件)的缩写,CMOS 是 Complementary Metal-Oxide-Semiconductor(互补金属氧化物半导体)的缩写。无论是 CCD 还是 CMOS,它们的作用都是通过光电效应将光信号转换成电信号(电压/电流)进行储存,以获得图像。在 PIV 系统中主要使用的是 CCD 芯片的跨帧相机和 CMOS 高速相机,按照传感器的结构特性可以分为线阵相机、面阵相机;按照扫描方式可以分为隔行扫描相机、逐行扫描相机;按照分辨率大小可以分为普通分辨率相机、高分辨率相机;按照输出信号方式可以分为模拟相机、数字相机;按照输出色彩不同可以分为单色(黑白)相机、彩色相机;按照输出信号速度快慢可以分为普通速度相机、高速相机;按照响应频率范围可以分为可见光(普通)相机、红外相机、紫外相机等。相机一般采用 Camera Link 接口,USB 3.0 接口,以及千兆网接口等。

2.1.1　普通数码相机

数码相机(如图 2.2 所示)的基本工作原理是使用电子传感器把光学影像转换成电子数据。数码相机的结构和胶片相机类似,有的数码相机就是利用胶片相机机身进行改良的。两者不同的是,胶片相机中的胶片,在数码相机内被一片 CCD 或 CMOS 芯片所取代。虽然影像传感器本身是不存储影像信号的,但是存储在存储媒介上的数码影像的质量却是由影像传感器的质量决定的,而影像传感器芯片的尺寸是决定成像质量的主要因素。

图 2.2　数码相机

此类相机主要用于固体力学 PIV/DIC 测量,优点在于分辨率一般都很高,同时价格较低,可以实现对固体力学表面速度、位移、形变的测量;但是此类相机成像质量较低,实时控制和数据查看不方便,特别是采集速率一般较低,且没有双曝光功能,所以主要用于低速固体表面、大颗粒成像的测量。

2.1.2　高速相机

高速相机(如图 2.3 所示)主要应用于时间分辨率粒子图像测速(Time Resolved Partide Image Velocimetry,TRPIV)系统。时间分辨率粒子图像测速系统能够将采样频率保持在千赫兹以上,为非定常变化流场的测量提供流体结构演变以及流体行为随时间变化的信息。

图 2.3　高速相机

近些年,PIV 用的高速相机主要是 CMOS 芯片的。CMOS 图像传感器将光敏元阵列、图像信号放大器、信号读取电路、模数转换电路、图像信号处理器及控制器集成在一块芯片上。CMOS 图像传感器以其良好的集成性、低功耗、高速传输和宽动态范围等特点在非定常流场测量、高速颗粒跟踪等场合得到了广泛的应用。

2.1.3 双曝光相机

双曝光相机(如图 2.4 所示)应用于标准 PIV 系统。数字相机从产生到现在,从传输信号的方式上分模拟和数字两种制式。其中模拟制式相机采用普通的视频传输协议(PAL/NT-SL),每秒采集 25～30 帧图像。这种制式的数字相机适合采集连续系列图像,但不能单幅触发采集图像,这样就无法与脉冲激光器配合进行精确的速度场测量。数字制式相机采用通用的数字信号传输协议 RS422,以及更新的 RS644,它最大的特点在于可以和外部触发信号配合,实现与触发信号同步的图像采集,这样,通过使用一定的时间延迟控制就可以实现多台相机以及激光器的同步控制,进而能够精确地拍摄激光器的脉冲激光所照射区域。

图 2.4　双曝光相机

数字相机从 CCD 芯片的构造上主要分为三种(见图 2.5):普通型(Full Frame);帧转移型(Frame Transfer);跨帧型(Frame Straddle 或 Inter-line Transfer)。

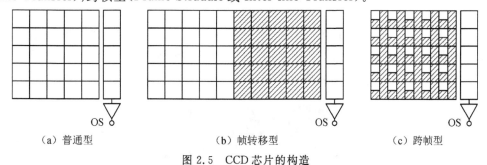

（a）普通型　　　　　　　（b）帧转移型　　　　　　　（c）跨帧型

图 2.5　CCD 芯片的构造

普通型 CCD 芯片每一个像素的感光比(Fill Factor)接近 100%,成像质量好,但其缺点在于曝光控制只能使用传统的机械快门,且帧与帧之间的延时较长(在第一帧图像没有传输保存完毕之前不能进行第二帧的采集),这些都限制了这种 CCD 芯片应用于 PIV 的测量。

帧转移型 CCD 芯片在芯片感光阵列的并行位置同时有同样大小的非感光存储区域,这样第一帧图像的信号可以瞬间转移到存储区域,紧接着进行第二帧的曝光,在第二帧图像曝光的时候,存储区域中的第一帧图像信号也同时进行传输。这种芯片的感光比也接近 100%,而且通过帧转移的方式可以控制第一帧图像的曝光时间,这就实现了电子快门的功能(不需要机械快门控制曝光),这种方式已经基本接近 PIV 测量的要求。但是由于目前芯片制造工艺水平的限制,帧转移时间为毫秒量级,还无法实现对高速流场的测量。

跨帧型 CCD 芯片基于帧转移型 CCD 芯片进行了改进,每一个像素分成了两部分:一部分作为感光元件,另一部分作为存储单元。这样第一帧图像拍摄完毕后,信号可以瞬间转移到存储单元中然后进行第二帧图像的拍摄,转移速度可以比帧转移型快近 1000 倍(微秒量级,甚至几百纳秒)。这就弥补了帧转移型速度不足的缺点,完全可以达到超高声速流场测量的要求。但同时这种结构也存在感光比低的缺点(约 60%),对成像曝光量有一定影响。双曝光相机采用跨帧型 CCD 芯片作为感光元件。

2.2　光源

2.2.1　连续激光器

连续激光器是以一定的半导体材料作为工作物质而产生激光的器件。其工作原理是通过激励方式,利用半导体物质在能带间跃迁发光,用半导体晶体的解理面形成两个平行反射镜面作为反射镜,组成谐振腔,使光振荡、反馈,产生光的辐射放大,输出激光。半导体激光器的优点是体积小,重量轻,运转可靠,耗电少,效率高等。

此类激光器主要用于教学 PIV、低速水流测速等方面,由于其能量较低,无法用于高速气流测速。

从激活媒质的物质状态来看,激光器可分为气体激光器、液体激光器、固体激光器和半导体激光器,目前在 PIV 系统中比较常用的是固体激光器和半导体激光器。

采用固体激光材料作为工作物质的激光器叫固体激光器(如图 2.6 所示)。固体激光器一般由激光工作物质、泵浦系统(激励源)、聚光系统、光学谐振腔和电源五部分构成(功率高的固体激光器还配有冷却系统)。固体激光器的工作原理:由泵浦系统辐射的光能,经过聚焦腔,使在固体工作物质中的激活粒子能够有效地吸收光能,让工作物质中形成粒子数反转,通过谐振腔,从而输出激光。由于固体激光器光源的发射光谱中只有一部分被工作物质所吸收,加上其他损耗,因而能量转换效率不高,但是它运用了 Q 开关技术(通过阻断和不阻断光的反射通道来抑制和产生激光脉冲),可以得到纳秒量级的大能量高功率短脉冲,在高速 PIV 系统中广泛应用。

图 2.6　固体激光器

2.2.2　高能双脉冲激光器

PIV 系统最常用的照明激光器为高能双脉冲激光器(如图 2.7 所示),即 Nd:YAG 固体双脉冲式激光器,主要作为照明光源。高能双脉冲激光器瞬间产生两束激光配合跨帧相机瞬间拍摄两幅图像,可以实现高速、声速甚至超声速的测量,由于瞬间产生的激光持续时间只有几纳秒,高速运动粒子也是被"冻结"的,不会形成"拖尾"现象影响粒子成像。

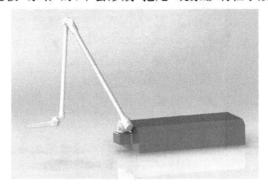

图 2.7　高能双脉冲激光器

　　PIV 用的双脉冲激光器采用被安置到同一光学平台内的两路 1064 nm 激光器,避免了传统 PIV 激光器分体式设计中存在的一些劣势,这两路激光器产生的红外光波段(1064 nm)的激光利用偏振耦合技术同轴输出,进入晶体后产生可见光波长的激光——绿光(532 nm)。随后经过分光系统,将红外波段的激光滤掉,只保留绿光反射输出。再经导光系统传输到所需位置,并利用片光系统将光斑转化为所需形状,就可照射在 PIV 实验装置上,进行实验与分析。PIV 双脉冲激光器光路示意图如图 2.8 所示。

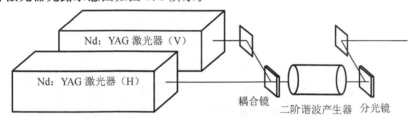

图 2.8　双脉冲激光器光路示意图

2.2.3　高频双脉冲激光器

　　当 TRPIV 系统同时满足高频及高速流场测量时,由于半导体连续激光器能量不足,高能双脉冲激光器频率也不足,所以需要另外一种高频双脉冲激光器。采用半导体泵浦,实现单脉冲能量 20~50 mJ 的高频双脉冲激光器,配合高速相机可以实现高速、非定常流场测量。

2.2.4　LED 光源

　　另外,还有高能 LED 光源可用于 PIV 测量,此光源采用发光二极管,具有体积小、寿命长、效率高等优点,可连续使用 1 万~10 万小时,发热量低,无需复杂制冷系统,且无热辐射性,相对于常规双脉冲激光器,成本极低。LED 光源如图 2.9 所示。

图 2.9　LED 光源

对于固体表面,两相流、多相流中的离散相大颗粒,或者流场中添加的较大示踪粒子均可以用高能 LED 光源进行照明。

2.3　同步控制器

针对复杂的物理实验要求,需要利用具备高时间精度的同步控制器(如图 2.10 所示)来控制实验模型、成像单元与光源之间的配合。常见的同步控制器具备多个独立的输出通道和输入通道,时间精度通常达到纳秒级或亚纳秒级,具备多种普通信号发生器的功能,集成立可编程的软件和硬件组合控制器。同步控制器多通过 USB 接口连接到计算机,实现同步控制器的供电和控制。应用计算机上的控制软件实现复杂触发和逻辑电路的运行。

图 2.10　同步控制器

2.4　图形采集卡

在图像经过采样、量化以后转换为数字图像并输入、存储到帧存储器的过程中,图像信号的传输需要很高的传输速度,通用的传输接口不能满足要求,因此需要图像采集卡(见图 2.11)。图像采集卡是一种可以获取数字化视频图像信息,将图像信号采集到电脑中,以数据文件的形式保存在硬盘上,并可以将其播放出来的硬件设备。

图 2.11　图像采集卡

　　图像采集卡通常采用 Camera Link 接口,它提供了一个双向的串行通信连接通道,图像采集卡和相机可以通过它进行通信,用户可以通过向图像采集卡发送相应的控制指令来完成相机的硬件参数设置和更改,方便用户以直接编程的方式控制相机。

2.5　图形分析工作站

　　图形分析工作站作为专门用于图像处理分析的计算机,在硬件上对 CPU、显卡、内存以及硬盘存储速度都有一定的要求,CPU 多采用 intel 的服务器系列 CPU,显卡则采用 NVIDIA 的专业工作站显卡。

　　示踪粒子指的是在 PIV 实验中可见的粒子,可以跟随流体一起运动,通过记录这些粒子在流体中的位置,来重现流体的运动,分析各种流体动力学特性与流动现象。示踪粒子需满足以下条件:

　　(1)密度尽可能与实验流体相一致;

　　(2)足够小的尺度;

　　(3)形状要尽可能圆且大小分布尽可能均匀;

　　(4)有足够高的光散射效率。通常在液体实验中使用空心微珠或者金属氧化物颗粒;空气实验中使用烟雾或者粉尘颗粒(超声速测量使用纳米颗粒);微管道实验使用荧光粒子等。

2.6　主要附件

2.6.1　光学位移台

　　PIV 实验对光学特性实验仪器的要求比较高,所以在进行复杂实验时,会采用光学位移台(如图 2.12 所示)为光源和成像单元提供精确调节和定位。

图 2.12 光学位移台

2.6.2 光电开关

通用的 PIV 相机在双曝光模式下工作时,由于第二帧图像曝光时间(一般为几毫秒至几百毫秒)远远大于第一帧图像曝光时间(微秒量级),使得第二帧粒子图的背景噪声往往很大,所以要求 PIV 实验尽量在暗室中进行,或者增加与激光波长对应的光学滤波镜片。

但是如果是在火焰场中应用,以上方法则不适用,因为会使得第二帧图像背景灰度太高,影响 PIV 的计算甚至得不到结果。此时,可以在相机镜头前增加一个光电开关(如图 2.13 所示),即第二束激光落进第二帧图像后,光电开关随即开始工作,人为地使第二帧图像停止曝光,最大限度地减小火焰对粒子图像的影响。

图 2.13 光电开关

2.7 PIV 系统基本操作流程

PIV 系统基本操作流程如下:

(1)PIV 系统操作人员需要经过专业培训后方可操作。

(2)脉冲激光器发射的是高能量激光,严禁操作人员以眼睛直接从片光源出口观察激光或者是观察经过反射镜反射的激光。数字相机的感光芯片属于光敏感器件,严禁将数字相机镜头直接对准阳光或强亮光拍摄图像;严禁将数字相机直接对准激光器片光源出光孔拍摄图像。

(3)PIV 系统使用电源要求:220 V,18 A(包含激光器和图像采集系统),并有可靠、完备的地线,激光器系统与图像采集系统应该分别使用独立电源。

在所有硬件通电之前,需要确保:电源信号可靠接地、相机镜头盖关闭、激光器片光源出光孔关闭盖严、激光器导光臂可靠固定、各个输入输出信号线连接无误,严禁将同步控制器的信号输出端口连接到任何高压电源或者将输出端口短路。

(4)如果使用系统配备的双脉冲激光器,需要严格按照激光器使用手册的规定接通电源及进行实验准备操作。然后关闭激光器的出光控制开关,避免在后面 PIV 系统软件调整过程中误出激光。

(5)启动图像采集控制软件,首先将相机光圈数调到最大,通过软件中的相机控制模块检测相机工作状态;同时将软件设定在实时图像显示状态,打开相机镜头盖观看相机拍摄图像效果。根据拍摄区域光线情况,配合相机光圈再进一步调节相机软件控制曝光时间来拍摄图像(如果图像亮度还不足,可以进一步通过软件控制相机增加增益倍数)。

(6)根据不同实验要求,进一步设定软件相机控制模式,调整相机工作在相应状态,拍摄和保存实验流场图像。

(7)实验工作完毕后,首先关闭相机镜头盖和激光器片光源出口。再关闭图像采集系统电源。最后关闭激光器灯和 Q 开关,经过稳定冷却后方可关闭激光器电源。

(8)在整个实验操作过程中,如果发现不明故障,需要严格按照设备说明书中的规定处理。紧急情况下,需要关闭相机镜头盖、激光器片光源出口、激光器灯和 Q 开关。其他不明事宜,请及时与设备供应方联系,并提供详细的故障现象描述以便排除。

(9)维护:整套 PIV 系统需要在防尘、防潮,15~25 ℃的环境下放置;搬动过程中需防止震动对光学仪器造成损坏;激光器每隔 3~6 个月需要更换冷却水(6~8 L 去离子水)。

第3章 PIV软件概述

与硬件设备相辅相成的就是PIV系统所应用的软件,PIV的软件与硬件共同构成了PIV系统,为进行PIV实验提供了基础条件。PIV软件是研究者进行硬件控制、数据采集、计算以及分析的工具,熟练掌握PIV软件是研究者的基本功。

3.1 软件系统组成

本书主要以PIV图像采集分析软件MicroVec系统为例进行介绍。粒子图像分析系统软件MicroVec 3图像控制系统是基于Windows 7/Windows 8操作系统(64位操作系统)的面向对象软件体系,集成了PIV、PTV、浓度场分析和粒径分析等功能模块。

硬件控制包括:数字相机的实时控制,激光器的控制,图像采集板的控制和同步器的控制。

软件模块及其功能:通用数字图像的显示和处理;实时粒子图像测速(PIV)计算和粒子跟踪测速(PTV)计算;互相关计算图像中部分区域及全部区域的速度;大量图像的批处理;设定分区自动计算;向量单点修正、单点赋值、向量滤波,修正所有向量;对图像进行灰度、滤波、翻转、读值、模糊、放大缩小、对比度调整等通用数字图像处理;实时分析图像中颗粒的粒径分布情况,包括颗粒的等效圆直径大小、空间位置坐标、等效长方形参数、颗粒截面面积等参数;图像灰度浓度场分析工具,分析图像灰度的空间分布变化得到相对浓度分布,并通过标定实现非线性绝对浓度场的测量;同时包括颗粒数目浓度场分布分析工具,实时分析空间中各个区域包含各种直径颗粒数目的分布情况;兼容Tecplot流场分析绘图软件;兼容Origin数学分析软件。

3.2 软件安装

软件系统的安装包括三部分:MicroVec软件安装、图像采集板控制软件XCAP安装,以及图像系统内存划分。

3.2.1 MicroVec软件安装

MicroVec软件的安装指南:

(1)双击打开安装文件MicroVec V3.5.3_GPU-CN_Setup(按照具体软件版本确定)。

(2)进入图3.1所示的欢迎界面,请选择"Next"。

图 3.1 安装程序欢迎界面

（3）接着进入图 3.2 界面，选择"Next"。

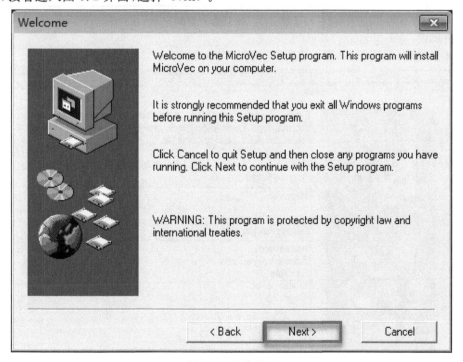

图 3.2 安装界面

（4）然后进入安装路径界面如图 3.3 所示，选择要安装 MicroVec 3 软件的路径（建议使用默认路径 C:\MicroVec 目录），然后选择"Next"。

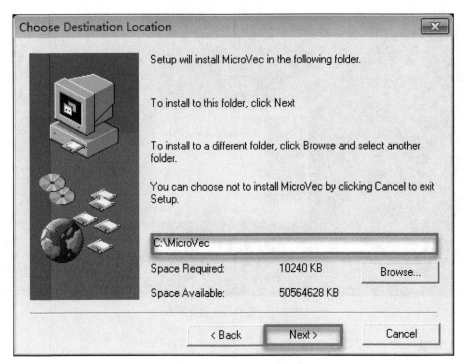

图 3.3　路径选择界面

(5)确认安装,如图 3.4、图 3.5 所示,选择"Next"。

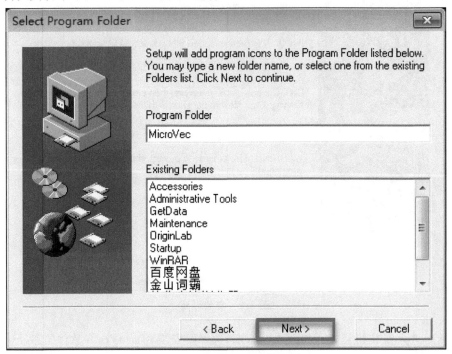

图 3.4　确认安装界面 1

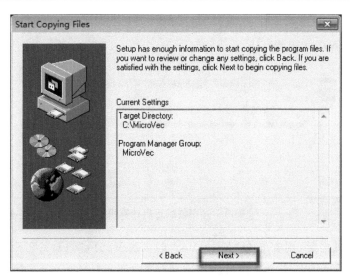

图 3.5　确认安装界面 2

　　(6)进入安装时间,若干分钟后软件安装完成,选择"Finish"结束 MicroVec 3 软件的安装,如图 3.6、图 3.7 所示。

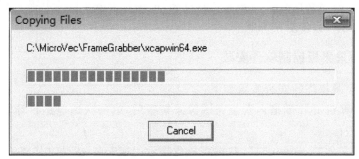

图 3.6　安装过程界面

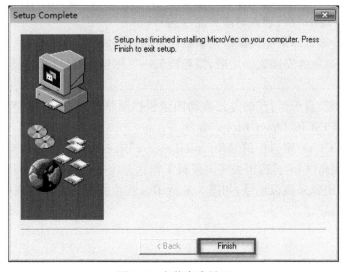

图 3.7　安装完成界面

(7)重启计算机,如图 3.8 所示,选择"是"。

图 3.8　安装后重启计算机

(8)重启计算机之后,用安装包"MicroVec_64 CN V361\361\..."下的文件将"C:\MicroVec\MV64\V5"下的文件全部替换。

当"软件锁"第一次插入计算机 USB 接口时,Windows 系统会自动监测到新插入的硬件并自动提示安装驱动程序,出现这种情况可以取消 Windows 的相应提示对话框,进入下述安装模式。

如果"软件锁"的驱动没有正确安装,"软件锁"的绿灯会处于闪烁状态;当相应驱动正确安装后,"软件锁"的绿灯会处于常亮状态。

3.2.2　图像采集板控制软件安装

图像采集板控制软件的安装步骤如下:

(1)提前在计算机 PCI 插槽内安装完图像采集板后,第一次通电运行计算机,系统会自动提示检测到新硬件;

(2)选择安装文件"xcapwin64",并按照软件提示完成安装(安装文件路径为 C:\MicroVec\FrameGrabber);

(3)安装完 XCAP 后,从桌面以"以管理员身份运行"的方式启动"XCAP for Windows"即 XCAP 软件,单击"Agree"后,输入对应产品序列号;

(4)重新启动计算机即可完成图像采集板控制软件的安装。

图像采集板控制软件安装完毕之后,需要检测一下图像采集板的驱动软件是否安装完毕,步骤如下:

首先以"以管理员身份运行"的方式启动图像板控制软件"XCAP for Windows",在"PIXCI®"菜单中选择"PIXCI®Open/Close"命令。

再选择"Open/Close"窗口中的"Multiple Devices"选项(如果"Open"选项为灰色不能点击状态,则需要首先点击"Close"选项关闭图像板工作状态才能进入检测状态),系统会自动检测到计算机中安装的图像采集板型号,如图 3.9 所示。若检测不到型号则表明硬件或驱动软件有问题,需要重新安装。

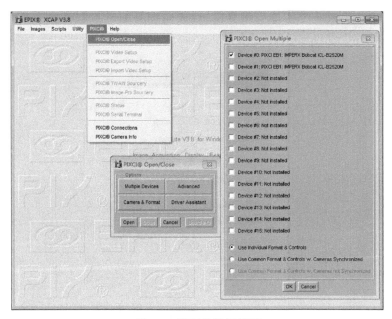

图 3.9　XCAP 设置界面

3.2.3　图像系统内存划分

想要图像系统正常工作,首先需要给图像板设置工作内存(图像缓存),具体步骤如下:

(1)以"以管理员身份运行"方式启动图像板控制软件"XCAP for Window",并在如图 3.10 所示界面中点击"OK"按钮,若还有窗口弹出,继续选择"OK"按钮,直到弹出图像采集窗口为止;

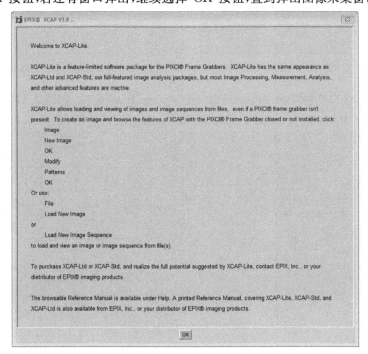

图 3.10　进入 EPIX 程序

（2）此后程序会进入一个图像采集界面，设置内存分配时不需要这个界面，应在"PIXCI®"菜单中选择"PIXCI®Open/Close"命令，如图 3.11 所示；

图 3.11　选择"PIXCI®Open/Close"命令

（3）其后程序会显示如图 3.12 所示界面，选择"Close"命令；
（4）在如图 3.13 所示界面中选择"Driver Assistant"命令；

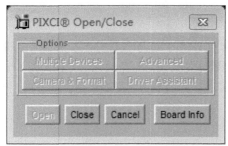 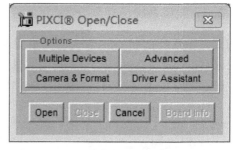

图 3.12　"PIXCI®Open/Close"设置界面 1　　　　图 3.13　"PIXCI®Open/Close"设置界面 2

（5）在弹出的窗口选择"Set Frame Buffer Memory Size"选项，如图 3.14 所示；
（6）继续选择"Request Normal Frame Buffer Allocation"选项，如图 3.14 所示。

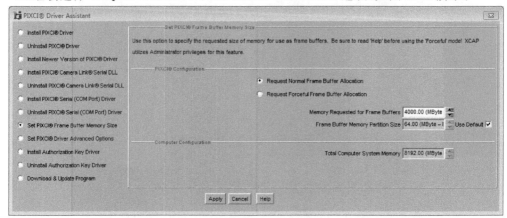

图 3.14　图像板内存设置界面

在如图 3.14 所示界面中,"Memory Requested for Frame Buffers"处输入需要将计算机内存划分给图像系统作为缓存的数值(注意保留足够内存给计算机操作系统使用),"Frame buffer memory partition size"处使用默认值即可。

对于第一种内存分配方式举例说明:在系统采用单通道方式采集图像时,对于采集到的图像以 Normal 形式分配 4000 MB 内存空间。"Frame buffer memory partition size"默认选择 64 MB 时,对于 2048 pixel×2048 pixel 的 CCD,采集的一幅图大小为 2048×2048＝4194304＝4 MB。灰度等级为 12 b,则在数据传输、处理过程中每幅图像实际大小为 8 MB,于是根据所分配内存,正常情况下可以得到 500 个缓存数,此时,软件中显示可以连续采集图像为 500 幅。

3.2.4 软件系统配置文件

在 MicroVec 的安装目录下(例如 C:\MicroVec)有一个文件名为"MicroVec.fmt"的系统配置文件,此文件包含了整套系统的软硬件参数信息,软件在使用过程中都是通过此文件读取和保存系统信息,其具体参数和代表的意义如表 3.1 所示。

表 3.1 系统的软硬件参数含义介绍

参数	参数含义介绍
[System]:64_2D	64 位三维系统(根据不同系统分为:32 位三维系统、64 位二维系统和 64 位三维系统)
[CCD]:75,0.0,0.0, 0.0,0.0,2,12	7 个数字分别代表:范围 0～75,不同编号代表支持的不同相机类型;相机 1 增益(负值表示左通道增益大于右通道,正数表示左通道增益小于右通道(相机 2、3、4 与此一致);相机 2 增益;相机 3 增益;相机 4 增益;相机通道设定(1 代表单通道、2 代表双通道);相机灰度等级(8～12 b)
[MICROPULSE]:5,	范围 0～5,分别代表支持的不同同步器版本
[PARAMETER]:1,0,50,0,0	第一个参数范围 0～1,代表是否启用"图像右键菜单响应";第二个参数范围 0～1,代表启用"图像叠加显示信息";第三个参数是设定 GPU 计算时显存的用量;第四个参数范围 0～1,代表是否显示向量节点;第五个参数范围 0～1,代表是否启用"图像存储包含向量文件"
[Laser]: 170.000,170.000, 220.000,220.000, 17000.000,300.000, 300.000,100.000, 200000.000,0.000 100.000,100.000, 100.000,100.000, 100.000,100.000, 100.000,10,1,0,0,0	各个数字按顺序分别代表(时间单位均为 μs):激光器 1 的灯-Q 延时参数;激光器 2 的灯-Q 延时参数;同步器通道 5 提前于激光器 Q1 的时间;通道 6 提前于激光器 Q1 的时间;通道 7 提前于激光器 Q1 的时间;通道 8 提前于激光器 Q1 的时间;两路激光器跨帧延时(计算速度的时间参数);激光器高级设定的出光阈值;激光器工作重复周期;激光器 2 出光时间相对于激光器 1 出光时间提前的时间量;同步器通道 1 的输出脉冲宽度;通道 2 脉冲宽度;通道 3 脉冲宽度;通道 4 脉冲宽度;通道 5 脉冲宽度;通道 6 脉冲宽度;通道 7 脉冲宽度;激光器工作频率限定;激光器灯-Q 分频数值;激光器灯-Q 分频标志;激光器通道 2 锁定通道 7 标志;外部输入触发信号反向(负跳变)

MicroVec Initial File	参数含义介绍
[DIRECTORY]： C:\MicroVec, C:\ProgramFiles\TEC360 2010\bin\ Tecplot360. exe, C:\MicroVec\Help\MicroV ecManual. chm, C:\MicroVec\PostPrecess\ MicroVecPost. exe	包含四个目录信息；第一个是系统工作目录；第二个是 Tecplot 的启动路径（如果安装完 Tecplot 后，在 MicroVec 中无法正常启动，需要检查这里的路径和文件名是否与实际安装信息符合）；第三个是帮助文档路径；第四个是后处理软件安装目录

3.3　软件界面

MicroVec 3 软件程序界面总体图如图 3.15 所示。

图 3.15　程序界面总体图

MicroVec 3 界面分为菜单区、工具栏区、图像显示区、操作窗口区四部分，各部分主要功能如下：

（1）菜单区：放置各菜单命令。

（2）工具栏区：显示常用命令的快捷方式。

（3）图像显示区：显示各种图像以及计算所得矢量分布图。

（4）操作窗口区：放置各种操作窗口。

按照程序功能菜单设置，MicroVec 3 软件的主要功能分别如下。

3.4　文件菜单

文件菜单包括通用的数字图像打开和存储操作,速度向量数据文件的打开和存储操作。具体功能介绍如下:

3.4.1　新建

新建命令:

创建一个新的工作空间,并且准备启动图像板。正确启动图像板后,这条命令将无效。在三维系统使用时,此命令可用于打开♯2 图像板对应图像显示区。

3.4.2　打开文件

打开文件的相关命令主要用于打开图像。

1. 打开一幅图像命令

打开一幅图像命令:

打开一幅图像(.bmp),且在当前图像缓存区中显示此图像。图像文件支持格式:BMP/JPG/TIFF/AVI/RAW/BIN。如果图像不是以标准计算尺寸(当前支持相机的空间分辨率)形式保存,图像将被拉伸成标准计算尺寸显示。

对于 RAW 或 AVI 格式的图像文件,打开后可以使用图像翻页功能浏览对应文件中的不同帧数图片。当这两种文件大小超出图像的缓存总数时,如需浏览超过图像缓存总数的图片,在系统信息窗口中的图像缓存位置输入要浏览的图片位置编号,右键刷新图像显示窗口即可。此时点击系统信息窗口中的翻页功能,可返回至原有图片浏览状态。

2. 打开图像对命令

打开图像对命令:

打开一对图像时,两帧图像被存储在当前和下一个图像缓存中,并显示第一幅图像。图像板窗口中指定的是当前图像缓存中的图像。

两幅图像文件名称中的数字编号必须是连续的。例如:Image008.bmp 和 Image009.bmp。如果 图像板窗口中指定的当前图像缓存为 2,则图像 Image008.bmp 将被存放在图像缓存 2 中并在主窗口显示,图像 Image009.bmp 将被存放在图像缓存 3 中。

如果图像不是以标准计算尺寸形式保存,大于当前图像尺寸的图像将被缩放成标准计算尺寸显示;小于当前图像尺寸的图像将使用原有尺寸在窗口左上角打开显示,空白区域将被填充黑色。

3. 打开图像序列命令

打开图像序列命令,如图 3.16 所示。

显示打开图像系列对话框。打开图像系列(＊.bmp)且从当前图像缓存区开始显示此图像系列。

如果图像不是以标准计算尺寸形式保存,图像将被拉伸成标准计算尺寸显示。

图像缓存"范围设定"用于设定要打开文件到图像缓存中的起始点(左边输入框)和终止点(右边输入框)。

"浏览"按钮用于选择要打开的文件路径和名称(第一个要打开的文件名显示在第一幅图像文件名中)。

图 3.16 打开图像序列界面

"打开"按钮用于打开相应的图像文件到图像缓存中,各个文件按照文件名中数字编号依次在图像缓存中存放。

3.4.3 保存文件

保存文件的相关命令主要用于将图像或图像序列保存到存储位置。

1.保存

保存命令:

将当前图像缓存区中的图像按照默认名字、路径和格式保存。

2.另存为

另存为命令:

将当前图像缓存区的图像另存为一个新的图像文件。

3.保存图像序列

保存图像序列命令界面,如图 3.17 所示。

显示保存图像系列对话框,以设定的缓存范围依次保存图像,生成多个新的图像文件。

"范围设定"用于设定要保存的图像缓存中的起始点和终止点。

图 3.17 存储图像序列界面

"浏览"按钮用于选择要存储的文件路径和名称(显示在第一个文件名中)。

"存储"按钮用于将图像缓存中的图像保存到相应的图像文件中,各个文件自动在第一个文件名的名字中添加数字的文件编号。保存图像文件支持格式:BMP/JPG/TIFF/AVI/RAW/BIN。如果保存成 AVI 文件格式,图像的显示速率参数可在 参数设定命令窗口中设定。

3.4.4 关闭

关闭命令用于关闭当前工作空间和图像板。

3.4.5 向量文件

向量文件是软件根据拍摄照片计算出来的流场分布数据文件。

1.向量文件设置

● 向量文件参数设置界面(如图 3.18 所示)及各参数含义(如表 3.2 所示)。

设置当前图像缓存区中的向量数据保存为向量文件(＊.dat)的数据格式。

图 3.18　向量文件参数设置界面

表 3.2　向量文件参数界面各项含义介绍

参数名称	含义
Tecplot 文件格式	输出格式为 Tecplot 数据格式(此为软件默认格式),可以将输出的数据文件直接在 Tecplot 软件中打开显示
X,Y,Z	用于设定显示坐标的放大率和平移效果
u,v,w	用于设定 PIV 计算结果向量数据的标定和修正
a,b	用于设定各个参数的放大率(a)和平移数值(b)
清除	清除导入的图像和速度放大率数据,恢复默认值参数

　　向量文件中数据的各个参数(坐标、向量分量以及涡量)在存储为向量文件时,都将乘以此处对应的参数。此处的参数设置用于将图像计算得到的以像素为单位的粒子位移结果,结合曝光时间转化为实际的速度场结果保存,同时也方便将原始数据结合特征尺寸转化为无量纲化结果(计算方式为将各数据分量进行 a＊x＋b 计算后存储到数据文件中)。

　　具体导入参数定义详见 5.1.2 节。

2.打开向量文件

◢ 打开向量文件命令:

打开一个向量文件(＊.dat),且在当前图像缓存区显示此文件。

向量文件必须是 MicroVec 软件生成的,以 Tecplot 格式保存,在文件的末尾附加相应计算信息。● 向量文件设置的参数必须与向量文件末尾附加的计算信息一致,否则将影响向量的显示效果。

3.保存向量文件

保存向量文件命令：

将当前图像缓存区中的向量数据保存为 Tecplot 格式的向量文件(＊.dat)。

向量文件内容包括：

(1)头文件：设置 Tecplot 中文件显示的内容和参数。

(2)向量数据：向量数据文件的列表，每一行包括向量的位置坐标(x,y,z)，向量的两个分量(u,v,w)，向量的大小和这一点垂直于图像平面的涡量分量。

(3)计算参数：计算窗口图像计算中使用到的主要计算参数以及原始图像文件信息，还有 向量文件设置中的参数都将保存于此。

4.拼合向量文件

拼合向量文件命令：

可以将拍摄的多个不同区域 PIV 结果数据文件，自动拼合成一个数据文件。避免了同时打开多个不同区域 PIV 结果文件显示时出现的流线不连贯或者流线交叉等错误现象，图 3.19 为实现向量拼合功能的示意图。

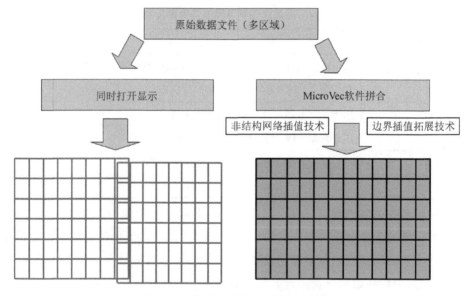

图 3.19　实现向量拼合功能的示意图

操作顺序：首先点击文件选项中的拼合向量文件命令，然后选中要拼合的数据文件(放在同一个目录)，如图 3.20 所示。

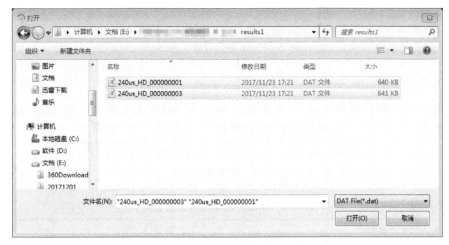

图 3.20　选择需要拼合的数据文件界面

点击确定后会出现"另存为"文件对话框,表示将拼合后的结果存储为此文件。

3.4.6　退出

退出命令:

显示退出对话框,选择是否退出 PIV 软件。

3.5　编辑菜单

编辑菜单中含有撤销、剪切、复制、粘贴等命令。

撤销命令:

用于恢复对当前图像缓存中的向量计算结果进行的最近一次操作。

剪切命令:

将当前显示的图像剪切掉(图像变为全黑背景),以便复制粘贴。

复制命令:

将当前显示的图像复制,以便粘贴到其他图像缓存中。

粘贴命令:

将剪切或复制的图像,粘贴到当前图像缓存中。

3.6　查看菜单

查看菜单中可以启动 MicroVec 3 软件中最常用软硬件控制对话窗口以及相应的快捷工具条。

3.6.1　工具条

1. 工具栏工具条

工具栏用于显示和隐藏常用的文件操作快捷工具条,如图 3.21 所示。

图 3.21　工具栏快捷工具条

2.状态栏工具条

状态栏在 PIV 软件视图区,状态栏中显示鼠标的当前位置坐标、图像位置以及速度场计算时的进度条(仅在迭代计算或进行三维计算时显示),如图 3.22 所示。

图 3.22　状态栏工具条

表 3.3　状态栏工具条各参数含义

参数名称	参数含义
P	当前显示的对应缓存编号
X,Y	当前鼠标所在像素坐标(坐标原点在左上角)
f	采集速率(幅/秒)

3.图像控制工具条

图像控制在 PIV 软件的视图区显示图像控制按钮,且在菜单中设置核对符,如图 3.23、图 3.24 所示。各图标含义如表 3.4 与表 3.5 所示。

图 3.23　图像控制工具条 1

表 3.4　图像控制工具条 1 中各图标含义

图标	含义
Live	实时显示相机采集到的图像
	捕捉一幅图像到当前图像缓存
	捕捉一对图像到当前图像缓存和下一个图像缓存
✕	停止运行相机采集图像
	硬件控制窗口(包含相机控制、激光器控制和图像记录窗口)
↑	显示图像缓存中的第一幅图像
←	显示图像缓存中当前位置的上一幅图像
↻	交替切换显示当前图像缓存中的图像和下一幅图像
→	显示图像缓存中当前位置的下一幅图像
↓	显示图像缓存中最后一幅图像

图 3.24　图像控制工具条 2

表 3.5　图像控制工具条 2 中各图标含义

图标	含义
	PIV 计算窗口
	PTV 计算窗口
	系统信息窗口
	图像信息窗口
	直方图窗口
	灰度分析窗口
	向量计算结果窗口
	清除向量窗口
	数字标尺窗口
	图像放大窗口

4. 图像分析工具条

图像分析工具条在 PIV 软件的视图区显示图像分析按钮,如图 3.25 所示,且在菜单中设置核对符。图像分析按钮含义如表 3.6 所示。

图 3.25　图像分析工具条

表 3.6　图像分析工具条中各图标含义

图标	含义
	系统参数设定窗口
	图像校正窗口
	输出分析结果窗口
	粒子分析窗口
	三维 PIV-PTV 计算窗口

图标	含义
	多目录自动计算窗口
	灰度拉伸窗口
	图像模糊窗口
	对比度调整窗口
	图像翻转窗口
	图像计算窗口

3.6.2　计算

1. PIV 计算

　　PIV 计算显示互相关计算参数设定窗口如图 3.26、图 3.27 所示。计算所采用方法为第 1 章所述互相关算法,此窗口中设定的计算方式会自动记录为 PIV 批处理计算和三维 PIV 计算中的计算参数。PIV 计算参数及高级设定的设定参数含义如表 3.7 和表 3.8 所示。

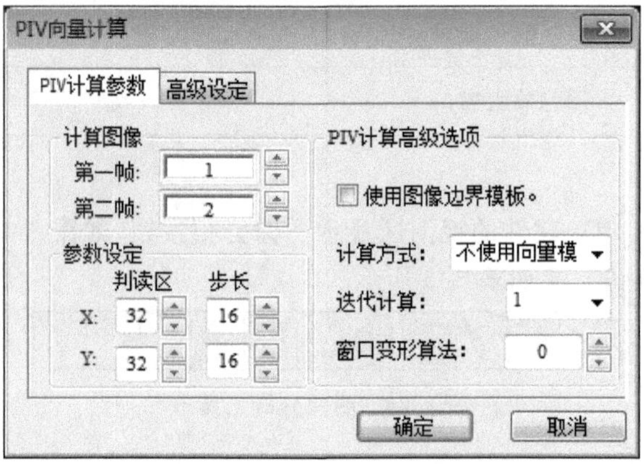

图 3.26　PIV 向量计算窗口

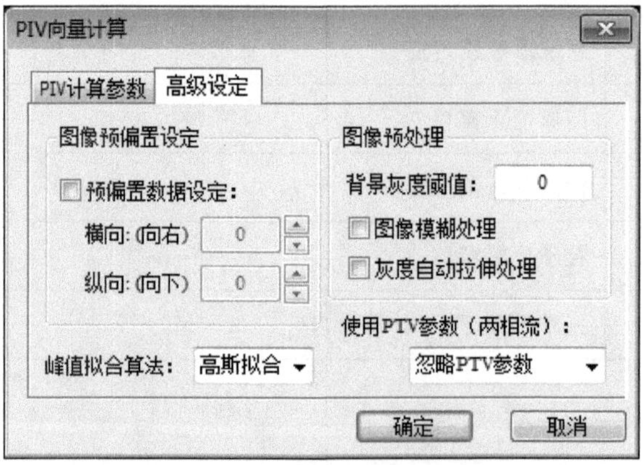

图 3.27　PIV 向量计算的高级设定界面

表 3.7　PIV 向量计算窗口中各参数含义

参数名称		含义
计算图像	第一帧	选择用于计算的两帧图像中的第一帧图像在图像缓存区中的序号
	第二帧	选择用于计算的两帧图像中的第二帧图像在图像缓存区中的序号
参数设定	X,Y	计算时坐标原点在图像左上角；X 代表水平方向，正方向是从左向右；Y 代表竖直方向，正方向为从上向下。程序保存计算结果时为方便在 Tecplot 软件中使用，根据 Tecplot 数据格式做了相应的翻转，最终为笛卡儿坐标系
	判读区	选取互相关计算中计算窗口尺寸，点击上下方向按钮，共有 4,8,16,32,64,128 六个选择（单位为像素）
	步长	计算的相邻两个向量的间距（单位为像素），也就是最终计算的向量网格的间距（推荐参数是判读区尺寸的二分之一）
PIV 计算高级选项	使用图像边界模板	使用图像边界检测模板设定的计算区域进行计算，屏蔽掉的区域将不进行计算。此功能需要与第 4.5 图像边界检测功能配合使用
	迭代计算	迭代计算是指通过粗略的预处理计算功能，首先计算出速度向量的结果，然后使用这个结果指导后面的网格加密计算（判读区尺寸成倍减少，网格成倍加密），这样在增加计算向量个数和缩小判读计算窗口尺寸的前提下，能够明显降低计算时间。 此算法迭代次数范围为：1,2,3，分别表示首先进行粗略计算的判读区窗口大小为目前设定值的 1~3 倍，然后再参考计算结果依次成倍减少判读区窗口尺寸迭代计算，直到使用设定实际设定参数。 如最终计算判读区域使用 8 pixel×8 pixel 的窗口，选取迭代算法选项中迭代次数为 3 后，MicroVec 软件首先使用 64(8 pixel×2 pixel×2 pixel×2 pixel) 的窗口粗略计算，然后再使用 32(8 pixel×2 pixel×2 pixel)、16 直到 8 的窗口进行计算
	窗口变形算法	使用互相关计算中的图像变形修正技术，在进行完通用的 PIV 计算后，再额外进行多次的变形窗口算法修正，来提高计算结果的精度
计算方式	不适用向量模板	与"使用上一次计算结果"方法不同，此方法会根据设定的参数对选定的区域重新计算，与上次计算结果无关
	使用上一次结果	在上次的计算结果的基础上去修正本次计算结果

表 3.8　PIV 向量计算的高级设定界面中各参数含义

工作区及参数		含义
图像预偏置设定	横向(向右)	第一帧图像可以在计算之前人工偏置横向移动设定的像素数
	纵向(向下)	第一帧图像可以在计算之前人工偏置纵向移动设定的像素数
背景灰度阈值		当此参数为非零时,系统会在实际计算之前首先将两幅图像同时减去此处设定的数值。此功能用于减去均匀的背景光影响
峰值拟合算法		互相关分析时所选用峰值拟合算法,有高斯拟合、抛物线拟合,以及重心拟合三种算法
窗口变形算法		此处设定数值为在进行完通用的 PIV 计算后,再额外进行多次的变形窗口算法循环修正次数。每修正一次,系统会自动更新一次计算结果,并作为下次修正的原始数值。考虑到修正一次计算的时间比较长,建议默认数值为 2～3 次,在兼顾了计算时间的同时,保证了修正计算结果的效果
使用 PTV 参数(两相流)	忽略 PTV 参数	在进行互相关分析时,不考虑 PTV 计算窗口中粒子的搜索参数
	使用 PTV 搜索颗粒	在进行互相关分析时,使用 PTV 计算窗口中的参数搜索到的粒子,进行 PIV 计算
	使用 PTV 剔除颗粒	在进行互相关分析时,将使用 PTV 计算窗口中的参数搜索到的粒子剔除后,再进行 PIV 计算

在进行 PIV 计算时,需要设置两个参数:判读区与步长,如图 3.28 所示。

图 3.28　判读区与步长参数设定界面

判读区含义可以通过阅读 1.2 节得以了解。

步长则是指,在用判读区 IW_1 对图像某个局部进行一次分析以后,当进行下一次分析时所使用判读区 IW_2 相对于 IW_1 在整幅图中位置的变化,如图 3.29 所示。

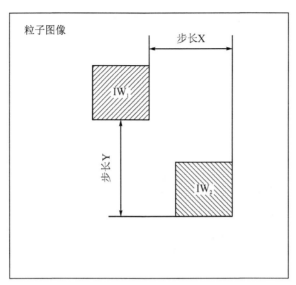

图 3.29　步长说明图

以判读区 32 pixel×32 pixel、步长 16 pixel×8 pixel 为例，网格分布和计算结果如图 3.30 所示。在水平方向上两个数据点的距离(16 pixel)便是 X 方向的步长，在竖直方向上两个数据点的距离(8 pixel)是 Y 方向的步长；而判读区就是以数据点为中心的周围 32 pixel×32 pixel 的区域。

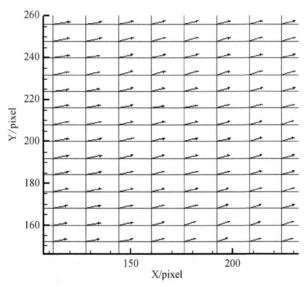

图 3.30　PIV 计算结果的网格分布图

图像缓存区中的图像按相机分辨率显示和保存，标准计算尺寸与 🖳 图像板窗口相对应。CCD 相机比较常用的对应尺寸如表 3.9 所示。

表 3.9　CCD 相机比较常用的对应尺寸

CCD 尺寸/万 pixel	H/pixel	V/pixel	采集速率（幅/s）	PIV 速度场结果（个/s）
100	1004	1004	48	24
200	1600	1200	30	15
	1920	1080	30	15
400	2048	2048	15	7.5
11000	4000	2672	5	2.5
16000	4872	3248	3	1.5

2. PTV 计算

PTV 计算中显示 PTV 向量计算时设置参数的窗口如图 3.31 所示。

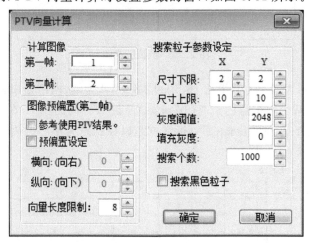

图 3.31　PTV 向量计算窗口

此窗口提供粒子图像跟踪测速功能（Particle Tracking Velocimetry）：通过识别不同大小的粒子及其空间位置，计算前后两幅图像中各个粒子的位移，结合曝光时间得到各个粒子的空间分布位置和速度信息。设置的相关参数含义如表 3.10 所示。

表 3.10　PTV 向量计算窗口中各参数含义

工作区	参数名称	参数含义
计算图像	第一帧	参与 PTV 计算的第一幅图在图像缓存区中序号
	第二帧	参与 PTV 计算的第二幅图在图像缓存区中序号
预偏置设定	横向	参与 PTV 计算的第二幅图横向图像预偏置
	纵向	参与 PTV 计算的第二幅图纵向图像预偏置
向量长度限制		设定将要搜索粒子的最大位移值（此值设定应小于粒子之间最大间距，如果粒子间距大，应尽量减小两帧图像之间的曝光时间间隔，缩小向量长度限制；否则将会增加粒子搜索匹配的错误概率）
搜索黑色粒子		如果是在白背景、黑色粒子的图像中，需要选用此选项

工作区	参数名称	参数含义
搜索粒子参数设定	X	横向(正方向从左向右)
	Y	纵向(正方向从上向下)
	尺寸下限	设定要搜索的最小粒子等效长方形的长和宽
	尺寸上限	设定要搜索的最大粒子等效长方形的长和宽
	灰度阈值	区分粒子与背景的灰度阈值,低于此阈值则认为是背景信息
	填充灰度	被搜索到的颗粒像素将被使用此灰度值填充(此值应低于灰度阈值,默认值为 0)
	搜索个数	设定将要搜索的粒子个数上限
	参考使用 PIV 结果	如果用于进行 PTV 计算的图像中粒子浓度比较高,建议使用 PIV 功能先对图像进行一次 PIV 计算;然后再用 PTV 窗口选中此功能进行 PTV 计算,这样可以有效提高高浓度颗粒匹配的正确率

3. 实时计算结果显示

实时计算相机拍摄到的粒子图,并且实时刷新连续显示,在使用此功能以前,首先需要进行一次二维 PIV 计算。建议适当减小选择窗口的尺寸,便于快速计算和显示刷新结果。

3.6.3　系统信息

显示系统信息窗口(如图 3.32 所示)包括:显示系统参数、向量修正参数和计算结果信息。

系统参数显示图像板以及系统相关硬件信息如图 3.32 所示,系统参数窗口各参数含义如表 3.11 所示。

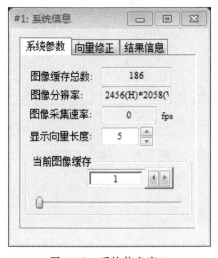

图 3.32　系统信息窗口

表 3.11　系统信息窗口中各参数含义

参数名称	参数含义
图像缓存总数	系统内存中为 PIV 软件分配的图像缓存区中可存放图像总数(具体图像缓存划分方式见第 3 章软件系统介绍)
采集速率	系统每秒所采集图像数目(fps)
显示向量长度	显示图像中向量长度放大倍数,这在显示向量分布图时帮助较大
当前图像缓存	显示当前图像在图像缓存区的位置,变化范围由 1 至图像缓存中显示的数目

向量修正显示速度向量修正窗口如图 3.33 所示,其中各参数含义如表 3.12 所示。在此窗口激活状态下,右键点击向量结果图像窗口,可以将离点击处最近的向量数值作为速度向量修正窗口中的 U,V 和 W 值;左键点击向量结果图像窗口,将使用速度向量修正窗口中的选项对向量结果进行修正。

同时此窗口的激活状态,会对 PIV 结果进行批处理,也会进行多目录自动批处理,还会对三维 PIV 计算中的向量自动进行修正处理。

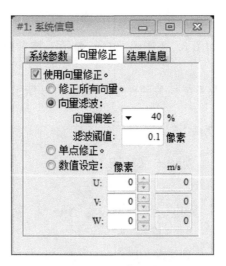

图 3.33　向量修正窗口

表 3.12　向量修正窗口中各参数含义

参数名称	参数含义
修正所有向量	对计算所得所有向量都进行修正
向量滤波	左键点击屏幕速度向量结果任意位置，"向量滤波"将过滤掉计算结果中的错误点（算法见第 4 章中有关错误向量修正的章节）。其中"向量偏差"用于规定互相关计算结果偏离平均值的范围，图中 40% 表示偏差范围在 10% 以内的向量被认为是正确向量，否则是错误向量。此参数范围为 10%～80%，对于速度场变化不是很剧烈的情况，建议使用 40% 以上选项，否则将会对流场结果具有平滑处理作用；"滤波阈值"用于判断计算结果是否参与修正，只有计算结果大于设定的阈值，才参与向量修正
单点修正	将离鼠标左键选定点最近的速度向量，用周围的 8 个速度向量平均值，再与这点向量值合成代替原来数值。数值合成中被替代点的原有数值占有的权重为中心比重中的数值
数值设定	U、V、W 分别表示横向、纵向，以及垂直于 U-V 面的速度分量。选中此选项时，可以用鼠标右键点击向量分布图，读入最近的速度向量值来设置；也可以输入相应的设定值。用鼠标左键点击矢量分布图时，可以调用当前设定对鼠标所在最近处的向量进行设定

结果信息窗口（如图 3.34 所示）显示计算信息结果。

显示计算信息结果的窗口（只有计算完速度向量后才能够显示此窗口）显示的是最近一次的计算结果统计信息，包括计算时间、向量个数等。

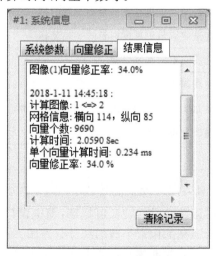

图 3.34　结果信息窗口

3.6.4　数据窗口

数据窗口是显示不同数据结果的窗口，包含以下几种窗口。

1. 图像信息窗口

🖼 图像信息窗口显示鼠标左键点击处 9 pixel×9 pixel 窗口内图像的灰度信息,如图 3.35 所示,且在图像显示窗口中相应位置处标定一个矩形(以像素为单位)。图像信息窗口各参数含义如表 3.13 所示。

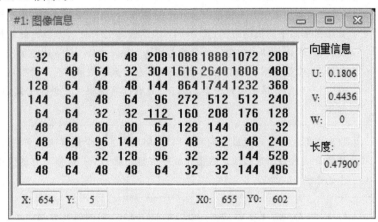

图 3.35　图像信息窗口

表 3.13　图像信息窗口中各参数含义

参数名称	参数含义
X	选定点的横向 x 轴坐标
Y	选定点的纵向 y 轴坐标
X0	离选定点最近速度向量的 x 轴坐标
Y0	离选定点最近速度向量的 y 轴坐标
U	速度向量的水平分量
V	速度向量的垂直分量
W	垂直于 x-y 平面的第三个方向速度分量
长度	速度向量的大小

2. 直方图窗口

🖼 直方图窗口显示灰度直方图的分布情况,如图 3.36 所示。

灰度直方图是衡量数字图像曝光量的特征值标准,图中窗口显示的灰度分布图从左至右表示图像中最暗的像素个数到最亮的像素个数的统计分布图。

这个窗口显示当前图像像素的灰度等级由 0 到 1023(10 位二进制)的统计分布情况。移动图中的两个三角形,再按"应用"按钮可以按照三角形对应位置标定的数据修改图像的灰度值分布。进行这项操作可使整个图像对比度加深,此命令在拍摄标尺时经常用到;右侧的恢复命令可以自动恢复最近一次的图像应用变化。

如果灰度直方图的分布偏重于窗口左侧,说明大部分像素灰度数值偏小,表示图像亮度偏暗;反之,如果灰度直方图分布偏右侧,说明图像亮度偏亮。因此曝光合适的图像的灰度直方图分布,应该是偏重于中间而且左右分布比较均匀。

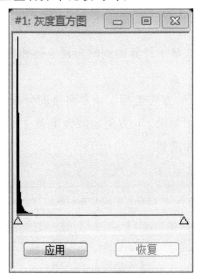

图 3.36　灰度直方图窗口

3. 直线灰度

直线灰度窗口显示灰度分析结果,如图 3.37 所示,窗口中各参数含义如表 3.14 所示。

直线灰度分析窗口主要包括两个部分:左边区域显示主窗口中图像在直线上各像素灰度分布;右边显示直线的特征参数。

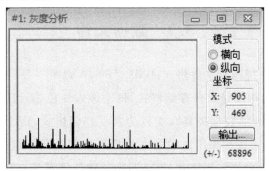

图 3.37　灰度分析窗口

表 3.14　灰度分析窗口中各参数含义

参数名称	参数含义
横向	在主窗口中鼠标左键点击处画一条水平直线
纵向	在主窗口中鼠标左键点击处画一条垂直直线
X	鼠标左键选定点的 x 轴(横向)坐标
Y	鼠标左键选定点的 y 轴(纵向)坐标
(+/−)	图像中直线上奇偶行灰度值对比度,对比度越大,图像越清晰,此值越高

4. 向量结果

🖼 向量计算结果窗口显示向量结果列表,如图 3.38 所示。

此窗口中按照向量文件格式显示计算得到的向量坐标和各项数值参数大小的信息。窗口中显示的结果依次排列如下:

u 方向坐标　v 方向坐标　w 方向坐标　u 方向速度分量　v 方向速度分量　w 方向速度分量　合成速度结果　涡量场结果　u 方向速度标准差　v 方向速度标准差　w 方向速度标准差　总速度标准差　涡量标准差

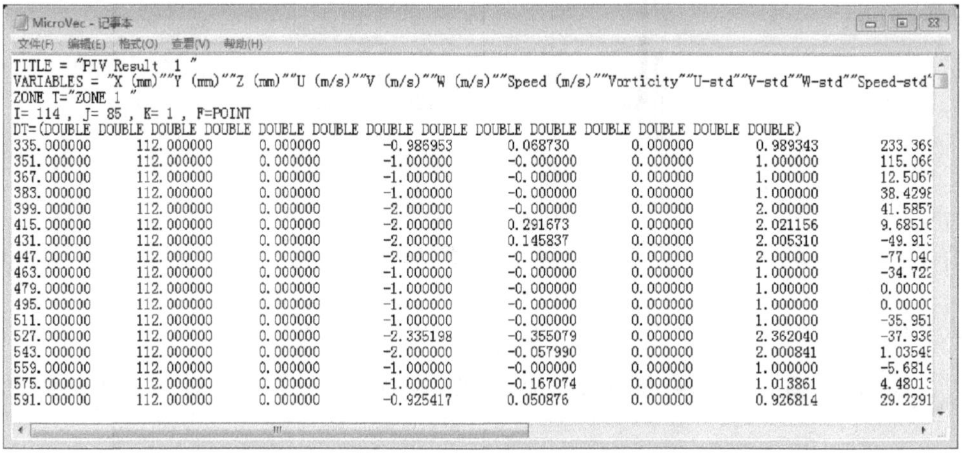

图 3.38　向量计算结果窗口

3.7　数据文件

硬盘存储图像文件支持四种文件格式:BMP,JPG,AVI 和 TIFF。

BMP 为 Windows 通用图像文件存储格式,每个像素 8 位(系统的 10 位数据会自动调整为 8 位数据存储,存在部分的数据失真),文件为灰度存储格式;JPG 为压缩格式的 Windows 灰度图像文件格式;AVI 格式是采用压缩的方式把采集到的图像组合到一起,形成一个视频文件;TIFF 为本图像分析系统专用格式(部分图像处理软件不兼容),保留了原始图像每个像素的高于 8 位的数据,为灰度存储格式。

图像分析系统存储的各种数据文件均采用 Windows 通用标准 ASCII 码方式存储,可以使用通用的文字编辑软件打开和浏览编辑。

3.7.1　PIV 计算结果数据文件

使用 PIV 计算方式得到的数据文件主要包含如下三部分(如图 3.39,图 3.40 所示):

```
MicroVec - 记事本
文件(F) 编辑(E) 格式(O) 查看(V) 帮助(H)
TITLE = "PIV Result  1 "
VARIABLES = "X (mm)""Y (mm)""Z (mm)""U (m/s)""V (m/s)""W (m/s)""Speed (m/s)""Vorticity""U-std""V-std""W-std""Speed-std""Vorticity-std""Flag"
ZONE T="ZONE 1 "
I= 108 , J= 84 , K= 1 , F=POINT
DT=(DOUBLE DOUBLE DOUBLE DOUBLE DOUBLE DOUBLE DOUBLE DOUBLE DOUBLE DOUBLE DOUBLE DOUBLE DOUBLE DOUBLE)
299.000000  113.000000  0.000000  4.518243  0.652425  0.000000  4.565105  -174.490845  0.000000
315.000000  113.000000  0.000000  4.112782  0.422160  0.000000  4.134391  -136.257598  0.000000
331.000000  113.000000  0.000000  4.846926  0.238677  0.000000  4.852799  -15.937447   0.000000
347.000000  113.000000  0.000000  4.477600  0.254111  0.000000  4.484805  71.938681    0.000000
363.000000  113.000000  0.000000  4.145561  0.413823  0.000000  4.166164  31.880343    0.000000
379.000000  113.000000  0.000000  4.019492  0.592001  0.000000  4.062854  -54.969556   0.000000
395.000000  113.000000  0.000000  4.456806  0.309926  0.000000  4.467569  -115.478093  0.000000
411.000000  113.000000  0.000000  3.800840  0.318745  0.000000  3.814182  -169.664735  0.000000
427.000000  113.000000  0.000000  3.345841  0.321437  0.000000  3.361245  -195.047310  0.000000
443.000000  113.000000  0.000000  3.215316  0.522149  0.000000  3.257437  -142.071334  0.000000
459.000000  113.000000  0.000000  4.152272  0.474938  0.000000  4.179346  -111.246297  0.000000
475.000000  113.000000  0.000000  4.098597  0.172620  0.000000  4.102231  -128.596962  0.000000
491.000000  113.000000  0.000000  3.624443  0.177866  0.000000  3.628805  -144.132904  0.000000
507.000000  113.000000  0.000000  3.973350  0.233978  0.000000  3.980233  -114.925435  0.000000
523.000000  113.000000  0.000000  3.953426  0.261532  0.000000  3.962067  -18.963613   0.000000
539.000000  113.000000  0.000000  3.606409  0.474425  0.000000  3.637480  28.812761    0.000000
555.000000  113.000000  0.000000  3.010599  0.738225  0.000000  3.099787  -96.959670   0.000000
```

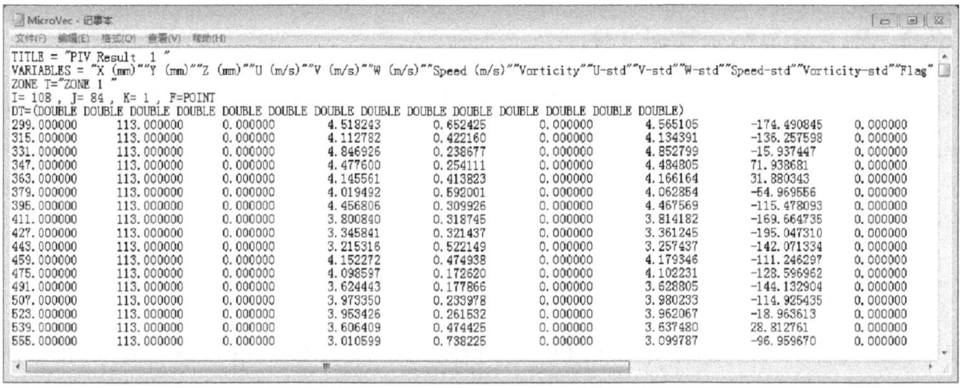

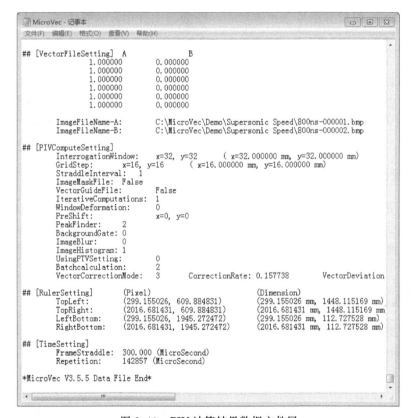

图 3.39　PIV 计算结果数据文件头

```
MicroVec - 记事本
文件(F) 编辑(E) 格式(O) 查看(V) 帮助(H)

## [VectorFileSetting]  A              B
                1.000000        0.000000
                1.000000        0.000000
                1.000000        0.000000
                1.000000        0.000000
                1.000000        0.000000
                1.000000        0.000000

        ImageFileName-A:        C:\MicroVec\Demo\Supersonic Speed\800ns-000001.bmp
        ImageFileName-B:        C:\MicroVec\Demo\Supersonic Speed\800ns-000002.bmp

## [PIVComputeSetting]
        InterrogationWindow:    x=32, y=32      ( x=32.000000 mm, y=32.000000 mm)
        GridStep:       x=16, y=16      ( x=16.000000 mm, y=16.000000 mm)
        StraddleInterval:   1
        ImageMaskFile:  False
        VectorGuideFile:        False
        IterativeComputations:  1
        WindowDeformation:      0
        PreShift:               x=0, y=0
        PeakFinder:     2
        BackgroundGate: 0
        ImageBlur:      0
        ImageHistogram: 1
        UsingPTVSetting:        0
        Batchcalculation:       2
        VectorCorrectionMode:   3       CorrectionRate: 0.157738        VectorDeviation

## [RulerSetting]       (Pixel)                         (Dimension)
        TopLeft:        (299.155026, 609.884831)        (299.155026 mm, 1448.115169 mm)
        TopRight:       (2016.681431, 609.884831)       (2016.681431 mm, 1448.115169 mm
        LeftBottom:     (299.155026, 1945.272472)       (299.155026 mm, 112.727528 mm)
        RightBottom:    (2016.681431, 1945.272472)      (2016.681431 mm, 112.727528 mm)

## [TimeSetting]
        FrameStraddle:  300.000 (MicroSecond)
        Repetition:     142857 (MicroSecond)

*MicroVec V3.5.5 Data File End*
```

图 3.40　PIV 计算结果数据文件尾

(1)文件头:包含文件的特征信息,数据格式和数据量标示。文件夹包含数据类型、数据大小、坐标信息等。

(2)数据区:按照数据三维坐标和各个分量依次排列。如果是经过批处理的数据结果文件,最后 5 列包含的是各个时刻相对于平均结果的差值(脉动量);如果是批处理后单独保存的平均结果,最后 5 列包含的是各个时刻所有差值(脉动量)的均方根结果。

(3)参数区:包含计算得到数据存储时的各种参数,源图像文件名,相关计算参数设置信息等。

PIV 计算结果数据文件尾包含了计算这个数据结果使用的各种计算参数和算法信息。

3.7.2　PTV 计算结果数据文件

使用粒子跟踪测速方式计算得到的速度向量场,数据文件格式不包含文件头,直接罗列各项数据。数据的罗列顺序从左至右依次为

序号编号　坐标 x　坐标 y　坐标 z　速度分量 u　速度分量 v　速度分量 w　合成速度值　颗粒区域所占像素

3.7.3　批处理的结果数据文件

使用批处理计算得到的结果,可以使用两种方式导出:导出单点数据结果和导出数据结果。

单独导出的数据文件采用同一幅图中测得的数据平均的方式,将每一幅图中的测量数据平均计算,并将各幅图所有结果依次存放在一个数据文件中。数据的排列顺序从左至右依次为

序号编号　速度分量 u　速度分量 v　速度分量 w　合成速度值

这种数据文件适用于分析局部区域的时间变化情况。

导出数据结果命令是将所有的数据存放在一个数据文件中,保留了所有数据信息,导出数据格式按照 PIV/PTV 的结果格式(没有文件头信息)。适用于对整个空间和时间变化的数据进行统计分析。

3.7.4　输出分析结果数据文件

使用工具菜单中的"输出分析结果"命令,可以将数字标尺直线上等间隔提取的数据存储为数据文件进行单幅图像数据结果的空间变化分析。

数据文件格式为

序号编号　合成速度值　速度分量

3.7.5　数据结果文件平均化得到的数据文件

使用分析菜单中的"数据结果文件平均化"命令,可以将批处理计算的结果再次进行计算处理后存储为相应的数据文件。

数据文件格式如下:

文件头

坐标 x　坐标 y　坐标 z　x 方向速度　y 方向速度　z 方向速度　合成速度值　涡量数值　x 方向速度标准差　y 方向速度标准差　z 方向速度标准差　合成速度值的标准差　涡量的标准差　x-y 坐标平面内的雷诺应力数值　y-z 坐标平面内的雷诺应力数值　x-z 坐标平面内的雷诺应力数值　湍动能数值

计算参数

3.7.6　浓度场分析结果数据文件

使用工具菜单中的"浓度场分析"命令,可以将单幅图像浓度分析结果存储为相应的数据文件。文件格式如下:

文件头

坐标 x　坐标 y　浓度值

3.7.7　粒度分析结果数据文件

使用工具菜单中的"颗粒粒径分析"命令,可以将单幅图像进行颗粒搜索的结果存储为相应的数据文件。文件格式如下:

文件头

序号编号　坐标 x　坐标 y　等效长方形宽　等效长方形高　颗粒区域所占像素总数

3.8　附属工具

3.8.1　窗口菜单

设定 Windows 操作系统界面的窗口显示方式:新建窗口、层叠、平铺和排列图标。

3.8.2　帮助菜单

帮助主题:MicroVec 3 软件电子帮助文件。

3.8.3　软件锁驱动安装

软件锁驱动安装:安装软件锁驱动,打开 MicroVec 3 所有功能模块。

第4章 图像采集

在 PIV 实验中,完成了实验环境搭建后,实验内容的第一步,就是采集到准确、清晰的实验图像。实验图像的质量,对于实验结果的准确与否起到至关重要的作用。因此,每个进行 PIV 实验的人员都必须掌握图像采集的技巧。

4.1 基本操作

图像采集的基本操作包括实时显示图像、捕捉图像、用双曝光方法采集图像,以及停止操作。

4.1.1 实时显示图像

![Live] 实时显示图像命令:

将数字相机拍摄到的图像数据连续放入当前图像缓存区中,并且实时刷新连续显示图像。

4.1.2 捕捉图像

![icon] 捕捉一幅图像命令:

捕捉一帧图像到当前图像缓存区中,并且显示此图像。

4.1.3 双曝光采集

![icon] 双曝光采集命令:

捕捉一对图像到当前和下一个图像缓存区中,并且显示当前图像缓存区中的图像。

4.1.4 停止工作

![icon] 停止工作命令:

停止图像板的各种工作,冻结当前图像缓存区中的图像。

4.2 硬件控制

![icon] 硬件控制(如图 4.1 所示)包括相机控制、激光器控制和图像记录。若同步控制器连接正确,则能正常打开此窗口,否则会弹出错误提示信息:"没有找到同步控制器!请检查计算机 USB 端口是否与同步控制器连接!"(MicroPulse 控制器软件驱动文件在 C:\Microvec\同步控制器驱动目录中)。不要使用 USB 加长线进行同步控制器的连接,否则会导致通信控制

错误（USB 电缆过长会导致信号传输受干扰）。

4.2.1　相机控制

相机控制窗口用于检测和设定与图像板连接的数字相机的工作状态,第一次打开时通过"通信端口"中的"Camlink"命令检测相机并初始化相机工作状态,检测通过就会出现如图 4.1 所示的窗口,否则就会出现如图 4.2 所示报错信息,实验人员需要检查相应的硬件连接(包括信号线和电源线),同时可以通过拔插相机上的电源进行相机软件复位,但不可热插拔相机数据线。

图 4.1　相机控制窗口　　　　　　　　　图 4.2　相机通信错误提示界面

相机故障判断:若相机工作不正常时,可以通过以下方法判断是相机本身出现故障,还是信号故障:在连续模式下,使用实时显示功能,检查相机采集速率是否正常,图像显示是否正常,若不正常则是相机本身故障,或者电源线、Camlink 线缆没有正常连接;若连续模式下正常,则说明相机本身无故障,再选中 PIV 模式,点击运行后,相机无采集速率,则是相机到同步控制器之间的 BNC 线缆未正常连接或者有故障、或者是同步控制器无信号输出(可通过用同步控制器控制激光器,检查激光器是否能正常出光来判断同步控制器是否正常)。

相机控制窗口各参数含义如表 4.1 所示。

表 4.1　相机控制窗口中各参数含义

参数名称		参数含义
速率调整		可以对相机的时钟频率进行微调,来改变数字相机的采集速率
工作模式	连续模式	设定相机工作在最高连续采集模式下,相机会自动使用最高采集速率连续将图像采集到图像缓存中,每幅图像的曝光时间根据曝光时间参数来设定
	外触发模式	数字相机根据外部输入的 TTL 触发信号同步工作,每幅图像的曝光时间根据曝光时间参数来设定
	外控制模式	数字相机根据外部输入的 TTL 触发信号同步工作,每幅图像的曝光时间对应外部输入触发信号的脉冲宽度来设定

参数名称		参数含义
工作模式	PIV 模式	数字相机根据外部输入的 TTL 触发信号同步工作,每接收到一个触发信号,相机连续采集两幅图像;第一幅图像的曝光时间根据曝光时间参数设定,第二幅图像的曝光时间固定为 33 ms,两幅图像之间的时间间隔在曝光时间的 PIV 时间参数中设定。在使用 PIV 模式时有两点需要注意:①在连续光源中使用 PIV 模式时,会发现第一幅图像偏暗,这是因为第二幅图像曝光时间(毫秒量级)远远大于第一幅图像曝光时间(微秒量级)的缘故;②在与脉冲激光配合使用时发现前后连续两帧图像一个亮,一个暗,这是因为脉冲激光光强不一样,需要对脉冲光强做相应的调整
拼合模式		将数字图像中的像素点拼合以达到提高传输速率或图像亮度的效果
BIT 位移		只在相机输出灰度设定在 8 bit 模式下起作用,位移数表示要将 12 bit 灰度数据中取出 8 bit 作为有效数据,需要从 12 bit 的最低为偏移的位数

4.2.2　激光器控制

激光器控制窗口,如图 4.3 所示,窗口按钮及各参数含义如表 4.2 与表 4.3 所示。

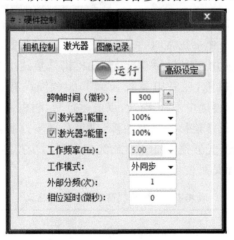

图 4.3　激光器控制窗口

表 4.2　激光器控制窗口中按钮含义

按钮名称	含义
运行/停止	按设置参数运行系统——激光器发射激光工作/停止当前系统的运行
高级设定	设置系统运行详细参数

在激光器正常工作时,如果想改变运行参数,步骤如下:

(1)点击"停止"按钮,系统停止运行;

(2)设置完参数后,点击"运行"按钮,电脑通过软件将调整后的参数写入相关的硬件设备控制程序里面,系统按照新设置参数运行。

表 4.3　激光器控制窗口中各参数含义

参数名称	参数含义
跨帧时间	双脉冲激光器两次脉冲光的时间间隔，也就是计算速度时的时间参数
工作频率	整个 PIV 系统的重复工作频率，即每秒可采集图像对的数目
工作模式	内同步表示整个 PIV 系统按照设定频率自动重复工作；外同步表示整个 PIV 系统与外部输入信号同步工作（外部输入信号连接到同步控制器的 INPUT 端口）
外部分频	只在外同步状态时，对外部输入的高频信号进行硬件分频，以适合 PIV 系统的工作频率（例如：外部是一个 1 kHz 的周期触发信号，可以设定外部分频为 100，这样整个 PIV 系统就会在 1000/100＝10 Hz 的频率条件下工作）
激光器能量	可以使用软件微调输出脉冲激光强度
相位延时	激光器工作于外同步时，滞后于外触发信号的时间

（3）点击"高级设定"按钮，可看到时间参数设定窗口如图 4.4 所示，窗口各参数含义如表 4.4 所示。

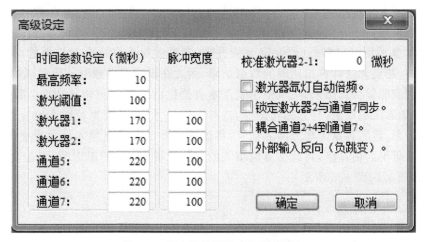

图 4.4　激光器控制的高级设定窗口

表 4.4　激光器控制的高级设定窗口中各参数含义

参数名称	参数含义
最高频率	对激光器工作频率的限定，是由相机、同步控制器、激光器等系统硬件参数所决定的；实际工作频率设定超出这个范围软件会给出警告
激光阈值	此处的参数为激光器内部调整参数，表示激光器的 Q 开关至少要高于这个数值后打开才能发出激光。此参数只会对软件调整激光器的输出能量起作用，不会影响其他功能
激光器 1、激光器 2	此处的参数为激光器内部调整参数（放电氙灯和 Q 触发信号之间的延时）
通道 5、6、7	表示相机工作在外触发或 PIV 模式时，在激光器出光前（220 μs）打开，对双脉冲激光进行捕捉。 注意：在 TR-PIV 系统中，通道 7 所输出的信号为通道 2 和通道 4 的耦合信号或输出信号

参数名称	参数含义
校准激光器 2－1	表示触发激光器 B 路 Q 开关的信号比触发激光器 A 路 Q 开关的信号提前或延后的时间
激光器氙灯自动倍频	使用此模式时,激光器放电氙灯将自动倍频到工作频率的整数倍处,此时它小于等于高级设定里面的最高工作频率
锁定激光器 2 与通道 7 同步	将第 2 通道与第 7 通道进行锁定,使其工作于相同频率和相位上
耦合通道 2＋4 到通道 7	将第 2 通道与第 4 通道信号耦合到通道 7,即用一个通道即可完成对两路激光的控制(主要在 TR-PIV 中用到)
外部输入反向	对外触发信号进行反向,高电平转为低电平,低电平转为高电平;同时也是相应的上升沿和下降沿之间的转化
脉冲宽度	触发信号的脉冲持续时间,也就是每个触发信号的持续时间

跨帧时间设定:

进行 PIV 实验时,跨帧时间的设定至关重要,参数设置不合适会给拍摄的图像后期处理带来很大麻烦,甚至无法计算出正确的数据结果,因此在设定此参数时一定要谨慎。如果流体流速可以控制或能够估算出来,可以使用软件本身提供的跨帧间隔估算功能。首先选择数字标尺,将选择矩形区域取消,打开标尺图像,选择标定尺寸,在长度里面输入对应的数值;其次点击图像放大率;然后再点击曝光间隔估算,将流体实际已知流速填入最大流速里面;最后点击间隔时间即可得到估算值,将此估算值填入激光器控制里面的跨帧时间,点击设置参数即可完成设置(如图 4.5、图 4.6 所示)。

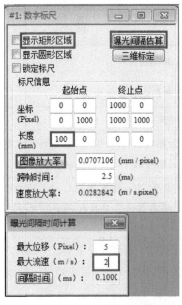
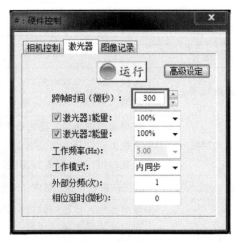

图 4.5　曝光时间估算设置界面　　　　图 4.6　跨帧延时设定

　　由于估算出来的跨帧时间可能不是最适合的,为了能够达到更好的实验效果,还是有必要对估算出来的跨帧时间进行调整。对估算出来的跨帧时间稍微增加或减少,以此数据进行拍摄部分图片,将向量修正打开,然后选取图像的局部进行粗算,计算结束后查看计算信息窗口,如果修正率在 30% 以内基本上就可以满足实验的要求;如果修正率较低但向量的长度较小,可以通过稍微增加跨帧时间来增加向量长度以减少计算误差,如果调整到一定程度且向量修正率超过 30%,将跨帧时间稍微调小一点即可进行实验。在流速未知的条件下,可以通过一些实验的经验值来设定:对于超声速实验跨帧时间可以设置为 $1\sim2\ \mu s$;风洞实验在风速为几米每秒至几十米每秒时可以设定跨帧时间在 $10\sim500\ \mu s$ 的范围内,通常设定为几十微秒;水洞实验流体流速通常在几厘米每秒至几米每秒的范围,跨帧时间设定范围在几微秒至几毫秒,通常可以设定为几百微秒至几毫秒;可以根据这些参考数值遵循以上原则做适当调整,直到找到最佳参数为止。

4.2.3　图像记录

　　图像记录窗口如图 4.7 所示,窗口各参数含义如表 4.5 和表 4.6 所示。

图 4.7　图像记录窗口

表 4.5　图像记录窗口中各参数含义

参数名称	参数含义
图像板设定	选择所采用的图像采集卡所对应图像板,在使用两个 CCD 时需要选择;在使用单个 CCD 进行实验时默认为 #1 图像板
开始位置截止位置	数字相机采集的图像被依次储存在由图像缓存区中开始位置到截止位置,图像的总数由 ![系统信息图标] 系统信息窗口中的图像缓存数目限定
高级设定	图像采集和显示的高级设定选项,如图 4.8 所示
记录到硬盘	在图像采集过程中,将图像直接保存至硬盘中。由于涉及硬盘操作,记录速度较慢(为保证连续记录速率,建议使用磁盘阵列系统,或者降低相机图像采集速率),但记录幅数较多
记录	点击此按钮,按照预先设定的图像缓存序列号以及保存方式采集图像
连续显示	点击此按钮,按照预先设定的图像缓存序列号以及保存方式连续显示图像

注:使用图像直接记录到硬盘的方式记录图像时,如果只想记录图像中的一部分区域,方法为打开数字标尺面板,选择待记录图像区域,点击记录图像即可。若关闭数字标尺窗口,此时图像记录的方式为整幅图像记录。

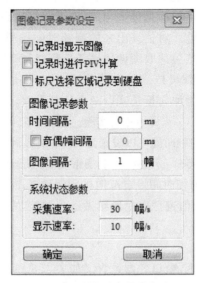

图 4.8　图像记录参数设定窗口

表 4.6　图像记录参数设定窗口中各参数含义

参数名称		参数含义
记录时显示图像		选中后会在图像采集的过程中,实时刷新屏幕显示当前采集和记录保存的图像
记录时进行 PIV 计算		选中后会在图像采集的过程中,实时显示计算结果,最好配合 GPU 功能使用
图像记录参数	时间间隔	设置连续采集图像时相邻两幅图像采集时间间隔,参数设为"0"表示相机采用最高采集速率工作
	奇偶幅间隔	设置图像对中两幅图像的采集时间间隔。选中情况下,上述时间间隔则指相邻两对图像采集时间间隔
	图像间隔	设置此幅采集图像与下一幅采集图像之间跳过的图像数目
系统状态参数	采集速率	系统采集速率
	显示速率	系统显示速率

　　窗口记录用于记录由数字相机连续采集到的数字图像数据,并且按照预先设定的图像缓存序列号以及设定的保存方式保存;而且可以按照图像缓存序列号以及设定的显示方式显示图像序列。

　　记录图像时必须选定图像板,此功能主要考虑到系统中存在两块以上的图像采集板时,可以灵活设定。

4.3　图像缓存

　　图像缓存是指保存图像数据的计算机内存区域。在 PIV 图像采集处理软件系统中,在计算机内存中独立开辟了一块内存区域专门用于存放 PIV 软件处理的数字图像。而且所有存放于此的数字图像都有编号(从 1 开始,2,3,4,…),存放图像的总数依赖于计算机内存的大小。在 PIV 图像采集处理软件中,对应每一幅图像的编号显示在 图像板窗口中,同时能够使用的图像缓存总数也显示于此。

4.3.1　图像缓存控制

图像缓存控制功能可以控制储存在计算机内存中的图像的显示、清除等。

1.显示第一幅

显示第一幅命令:

将第一个图像的缓存区设为当前图像缓存区,并且显示图像缓存区中的图像。

2.显示上一幅

显示上一幅命令:

将当前图像缓存区中的上一幅图像设为当前图像缓存区,并且显示图像缓存区中的图像。如果当前图像缓存区为第一个图像缓存区,此命令将无效,仍然显示第一个图像缓存区中的图像。

3.显示下一幅

显示下一幅命令:

将下一个图像缓存区设为当前图像缓存区,并且显示图像缓存区中的图像。

如果当前图像缓存区为最后一个图像缓存区,此命令将无效,仍然显示最后一个图像缓存区中的图像。

4.交替显示图像

交替显示图像命令:

交替显示图像可以交替显示当前图像缓存区和下一个图像缓存区中的图像,用于辅助人工识别两幅图像的相关性。

5.显示最后一幅

显示最后一幅命令:

将最后一个图像缓存区设为当前图像缓存区,并且显示图像缓存区中的图像。

6.清除图像缓存

点击此命令按钮后,图像缓存区中所存储的图像将被全部清除。

4.3.2　显示图像

显示图像命令:

只有选择这一命令,才能够显示图像,否则会是黑色的背景。(取消图像显示可以更清晰地显示计算结果的向量分布)

4.3.3　图像平均

图像平均命令:

图像平均命令用于将采集到的一系列图像灰度,按照空间位置对应叠加平均化处理,并且将平均化计算后生成的新图像放在系统的最后一个图像缓存区中,如图 4.9 所示。图像平均窗口中各参数含义如表 4.7 所示。

图 4.9　图像平均窗口

表 4.7　图像平均窗口中各参数含义

参数名称		参数含义
图像背景		用于在图像平均化处理过程中减掉一个背景值
图像间隔		需要平均化处理的图像间隔:"0"代表没有间隔,"1"代表隔一幅再处理一幅,以此类推
图像缓存设定		表示需要做平均化处理的图像缓存起始和终止位置
平均计算模式	积分处理	表示对图像缓存设定的图像各个点的灰度值进行累加积分计算,超过灰度最高值的点,全都设置为最高灰度值
	平均处理	表示对图像缓存设定的图像各个点的灰度值进行叠加处理,然后取平均值

4.3.4　图像灰度填充

图像灰度填充窗口用于将图像中选定的区域或者全部图像填充成设定的灰度值。此功能与数字标尺配合可以填充选定的区域,在没有数字标尺的时候就会自动填充整个图像(8 b 范围为 0~255,12 b 范围为 0~4095)。填充灰度数值从小到大对应图像由暗变亮。

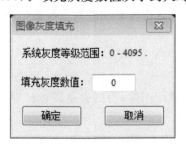

图 4.10　图像灰度填充窗口

4.4　图像输出

图像输出包含四项功能：单幅图像输出、序列图像输出、单幅屏幕图像输出和序列屏幕图像输出。

单幅图像输出：对当前缓存图像进行部分或者全部输出，窗口如图 4.11 所示。选择要输出图像的范围（可以利用数字标尺选择），点击"浏览"选择存储位置，然后点击"输出"即可。

图 4.11　单幅图像输出窗口

序列图像输出：可以按照选定的区域输出一系列的图像，窗口如图 4.12 所示。选择要输出的图像缓存范围，点击"浏览"选择存储位置，然后点击"存储"即可。

图 4.12　序列图像输出窗口

单幅屏幕图像输出：可以在窗口显示区范围内对当前缓存图像进行屏幕截图并输出。

序列屏幕图像输出：可以按照选定的区域对窗口显示区的一系列图像进行屏幕截图并输出。

4.5　图像边界检测

图像边界检测包含两个分项功能：

（1）模板预览功能：系统会自动将当前设定的模板图像显示在最后一个图像缓存中。

（2）模板设定功能：系统会将当前显示的图像设定为 PIV 计算用的模板。当前显示的图像可以是检测边界得到的结果图像，也可以是在其他图像工具软件中生成的任意图像（可以是用画笔或者 Photoshop 等图像软件手动绘制的黑白图像：黑色为边界不计算区域，白色为需要 PIV 计算的区域）均可以使用此命令将其设定为 PIV 计算模板。

4.6　图像校正

图像校正命令效果如图 4.13 所示。

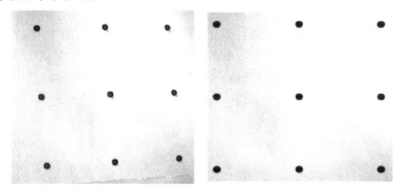

（a）校正前　　　　　　　　　　（b）校正后

图 4.13　图像校正板图像

图像校正窗口如图 4.14 所示（此处以修正校正板图像为例），窗口中各参数含义如表 4.8 所示。在校准板图像中选取 9 个校准点，同时在实际空间坐标中输入对应的物理空间坐标，使用创建图像功能可以校准图像到指定的图像缓存中。

图 4.14　图像校正窗口

表 4.8　图像校正窗口中各参数含义

参数名称	参数含义
当前校正点	当前在屏幕上选定校准点的序号
目标图像缓存	将要校准后生成的图像存放缓存序号
图像范围	与物平面中最大记录面相对应的像平面最大尺寸
输入	由现有的文件(*.rul)调入 9 个标记点坐标
输出	将 9 个标记点的坐标数据储存到(*.rul)文件中
自动标定	按照 9 个标记给定信息自动标定,同时出现如图 4.14 的标定信息,否则将无法进行图像变形修正。这需要进一步调节标定设定参数
标定设定	设定要搜索的标定点的大小(具体见下文)
校正计算	点击此按钮,按设定参数进行校正计算,将图像拉伸成正方形
校正算法	选择校正算法
空间坐标(x、y)	标记点在物平面的位置(坐标原点在屏幕左上角,x 轴正方向自左向右,y 轴正方向自上向下)
图像坐标(X、Y)	标记点在像平面的位置(坐标原点在屏幕左上角,x 轴正方向自左向右,y 轴正方向自上向下)

　　实际校正图像首先使用空间中标准的等间距排列即 3 排 3 列 9 个圆点组成的图案(如果圆点为黑色,背景需要为高亮白色;如果圆点为白色,背景需要为黑色),使用图像校正窗口中的"自动标定"按钮,软件会自动查找到 9 个圆点。然后就可以打开对应的需要校准的图像,使用"校正计算"按钮生成校准后的图像。

　　此功能为软件修正由于相机非正直摄影带来的图像变形和图像放大率的非线性变化,并得到类似于正直摄影放大率的新图像。

　　"标定设定"按钮对应窗口如图 4.15 所示(图中尺寸均以像素为单位),当自动标定功能无法实现时,需要手动调节此窗口中的标定参数(影响标定点搜索结果),其中各参数含义如表 4.9 所示。

图 4.15　标定参数设定窗口

表 4.9　标定参数设定窗口中各参数含义

参数名称		参数含义
尺寸下限	X	包含标定点矩形横向最小值
	Y	包含标定点矩形纵向最小值
尺寸上限	X	包含标定点矩形横向最大值
	Y	包含标定点矩形纵向最大值
边界设定	X	最左边和最右边的标定点距离左右边界的距离
	Y	最上边和最下边的标定点距离上下边界的距离
灰度阈值		搜索标定点的灰度阈值(此数值必须是能够区分出标定点和背景灰度的阈值,一般可以设定为标定点和背景灰度数值的中间数值)
标定区域		由于图像系统的不同(二维和三维系统),搜索标定点的区域不同。对于普通的二维系统可以选用全屏搜索,对于全屏同时显示的三维系统,需要选择左半部或者右半部

第 5 章 图像计算、分析与处理

成功获取流场图像后,就需要基于互相关理论,对图像进行计算和分析,得到流场的相关信息。计算和分析是 PIV 实验中最关键的部分,只有具备了计算和分析的能力,才能将 PIV 实验用于科研、工程应用等实际场景。在计算和分析完成后,得到的是数据结果,为了方便对结果进行讨论,还需要进行再处理形成直观的图形结果。

5.1 流场计算

流场计算部分包含各种图像速度向量场计算工具以及三维速度向量场测量工具。

5.1.1 参数设定

参数设定命令,如图 5.1 所示,窗口中各参数含义如表 5.1 所示。

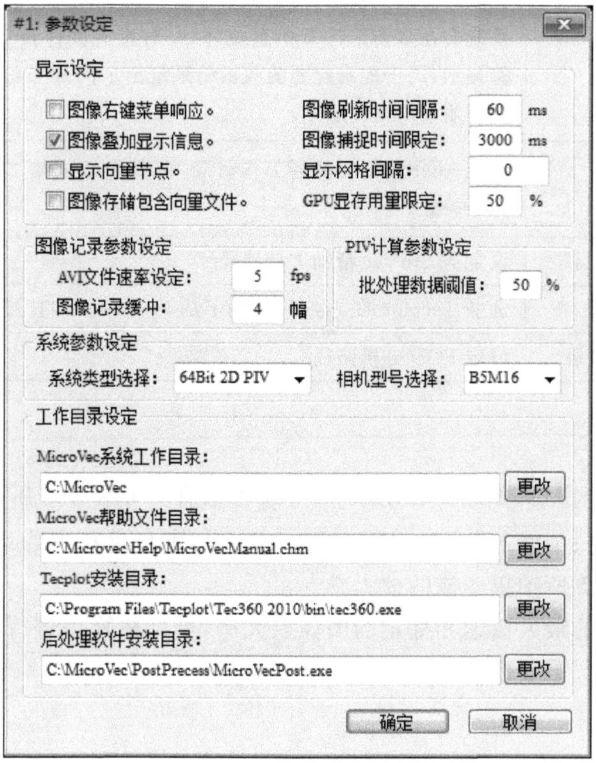

图 5.1 参数设定窗口

表 5.1　参数设定窗口中各参数含义

参数名称	参数含义
图像右键菜单响应	设定主窗口屏幕中右键点击弹出图像控制菜单功能
图像叠加显示信息	设定是否在图像显示区显示"当前图像缓存数""图像采集速率"
显示向量节点	用圆点的方式将每个向量节点表示出来
图像存储包含向量文件	启用这个选项后,保存或者打开图像序列时,会自动保存或者打开对应文件名的 data 文件
图像刷新时间间隔	实时显示数字相机拍摄到的图像时,图像在计算机屏幕上刷新的时间间隔
图像捕捉时间限定	在此时间内如果系统未采集图像,则自动复位
显示网格间隔	当此数值不是 0 时,系统会在图像窗口中按照实际数字(像素)间隔,来显示横向和纵向的网格线,用于目标分析定位
GPU 显存用量限定	设定采用 GPU 算法时使用的显存量
AVI 文件速率设定	将一批连续图像保存为 AVI 文件时,设定 AVI 文件的现实速率
图像记录缓冲	在将图像记录到硬盘时,用于连续记录图像的图像缓冲内存个数。根据实际系统图像缓存个数,此数值可以适当增加
批处理数据阈值	在多目录批处理中,如果出现数据计算结果文件的修正率超过此数值,系统会在多目录计算信息文件中,对应此文件条目处增加一个" * "字符显示,用于提示此处的数据结果超出了向量修正率设定(有可能此处图像质量出现问题)
MicroVec 系统工作目录	设定 MicroVec 系统的工作目录(此目录必须与 MicroVec 的安装目录完全一致)
MicroVec 帮助文件目录	设定 MicroVec 帮助文档路径
Tecplot 安装目录	选择 Tecplot 的安装目录,用于从 MicroVec 中直接启动它
后处理软件安装目录	设定 POD 分析路径

5.1.2　数字标尺

数字标尺命令窗口,如图 5.2 所示,其中各参数含义如表 5.2 所示。

显示在主显示窗口中拖动画出的直线相关参数。根据校准板图像中的实际长度(输入在长度参数中),可以计算所拍摄图像的放大率。

同时根据要测量的最大流速和标定的图像放大率,可以估算出进行计算需要设定的两幅图像曝光时间间隔等实验参数值。

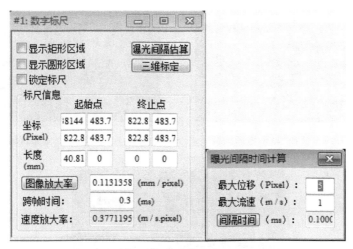

图 5.2 数字标尺窗口

表 5.2 数字标尺窗口中各参数含义

参数名称	参数含义
显示矩形区域	在当前图像中设定矩形的计算区域(选中此选项如图 5.3 所示,取消此选项如图 5.4 所示)
显示圆形区域	在当前图像中设定圆形的计算区域(如图 5.5 所示),其中圆的形状可以通过输入"起始点"与"终止点"的坐标来设定
锁定标尺	锁定设定计算区域的尺寸,后续计算均采用此尺寸的计算区域
起始点	图像平面中鼠标左键按下选定的位置
终止点	图像平面中鼠标左键抬起选定的位置
长度	在此栏中输入物空间中与起始点和终止点相对应点的坐标
图像放大率	图像中每个像素对应的实际长度
速度放大率	以像素为单位的速度与实际速度之间的转换关系
曝光间隔估算	可以根据要进行测量的流场速度,估算两个脉冲光的时间间隔
三维标定	根据三维计算窗口中的标定结果,自动估算三维尺寸的各种放大率参数
最大位移(像素)	设定进行计算得到的向量长度最大值(用于估算曝光时间间隔)
最大流速	所要进行测量流场的最大流速
间隔时间	估算进行相关测量设定的两幅图像曝光时间间隔,指导激光器控制中的跨帧时间参数

　　数字标尺在打开状态时,选定的区域将会在 MicroVec 系统的其他命令中自动起作用。其中包括的命令有:PIV 计算、PTV 计算、图像灰度填充、颗粒粒径分析、图像输出、浓度场分析、标量场分析、PIV 批处理、PTV 批处理。请在上述操作中注意数字标尺窗口的打开状态。

图 5.3　选择"显示矩形区域"

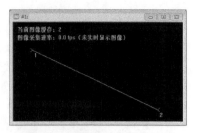

图 5.4　取消"选择矩形区域"

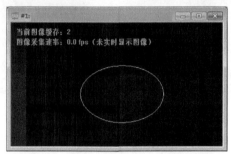

图 5.5　选择"显示圆型区域"选项

　　当取消"显示矩形区域"时,点击拖动鼠标左键可以得到一条直线(如图 5.4 所示)。鼠标点击拖动方向可从左向右,也可从右向左;可从上向下,也可从下向上;可沿着斜线方向拖动。

5.1.3　输出分析结果

　　输出分析结果窗口如图 5.6、图 5.7 所示,其中各参数含义如表 5.3 所示。

　　此窗口与数字标尺窗口共同使用,用数字标尺中的起始点和终止点定义数据分析线起点和终点的位置,分析线上速度向量的各个分量数据被存储在指定的文件中。线上的每点速度向量的模是由此点周围最近的四个速度向量插值拟合得到的。此窗口只有在计算完速度向量时才有效。其中"分析向量步长"是定义数据分析线在 X 和 Y 坐标方向上的步长。

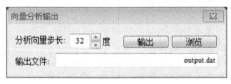

图 5.6　向量分析输出窗口

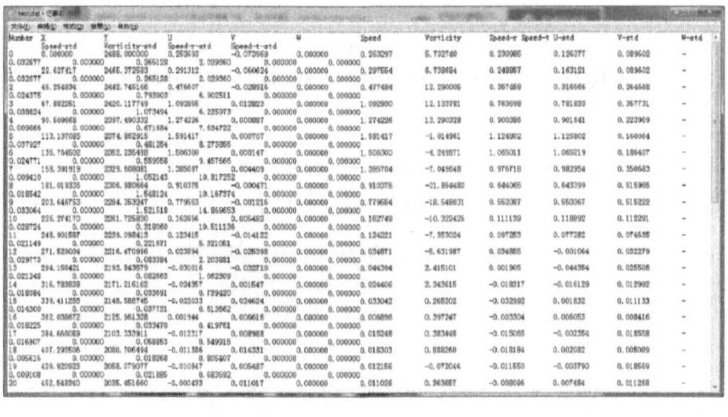

图 5.7　向量分析输出窗口

表 5.3 向量分析输出结果中各参数含义

参数名称	参数含义
Number	即分析结果中数据节点数
X	X 坐标轴
Y	Y 坐标轴
U	U 速度分量
V	V 速度分量
W	W 速度分量
Speed	合速度
Vorticity	涡量结果
Speed-r	分析线上的径向速度
Speed-t	分析线上的切向速度
U-std	U 速度分量的标准偏差
V-std	V 速度分量的标准偏差
W-std	W 速度分量的标准偏差
Speed-std	合速度的标准偏差
Vorticity-std	涡量的标准偏差
Speed-r-std	分析线上径向速度的标准偏差
Speed-t-std	分析线上切向速度的标准偏差

5.1.4 颗粒分析

颗粒分析包括颗粒粒径分析和动量场分析两部分功能模块。

1. 颗粒粒径分析命令

颗粒粒径分析窗口,如图 5.8 所示,实时对所拍摄的粒子图像进行粒径统计分析,分析结果包括:符合条件的粒子个数、不符合条件的粒子个数、搜索到的粒子空间位置坐标、重心坐标、粒子面积、等效圆直径、等效长方形尺寸、相关统计分析等。粒子搜索完后,会在当前图像缓存中以红色标记标示搜索到的粒子。颗粒粒径分析窗口中各参数含义如表 5.4 所示。

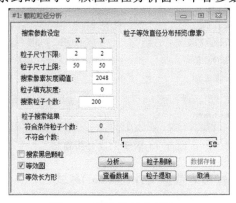

图 5.8 颗粒粒径分析窗口

表 5.4　颗粒粒径分析窗口中各参数含义

参数名称	参数含义
起始位置	设定从图像中开始搜索的位置
粒子尺寸下限	设定所要搜索的粒子横向和纵向下限尺寸(最小值)
粒子尺寸上限	设定所要搜索的粒子横向和纵向上限尺寸(最大值)
搜索像素灰度阈值	设定符合条件粒子灰度亮度阈值(能够区分出粒子和背景的灰度值)
粒子填充灰度	粒子搜索到后,将其使用此灰度填充
搜索粒子个数	设定搜索粒子个数上限
符合条件粒子个数	实际搜索到的符合条件粒子个数
不符合个数	实际搜索到的不符合条件粒子个数
搜索黑色颗粒	可以搜索白色背景,黑色的颗粒
等效圆	默认搜索所得颗粒为椭圆形
等效长方形	默认搜索所得颗粒为长方形
分析	在上述设定参数下运行颗粒粒径统计分析
数据存储	存储分析结果,保存为(＊.dat)数据文件
粒子提取	将搜索到的粒子分析结果图像导出为单独的图像(去掉背景)

2. 动量场分析模块命令

动量场分析是根据颗粒场的 PIV 计算结果,结合颗粒的粒径分析结果(计算出颗粒的质量),输出一个颗粒的动量场分析结果。

分析过程如下:首先通过两幅颗粒场图像计算出对应的速度场,然后使用颗粒粒径分析功能在第二幅图像中搜索颗粒,通过搜索到的颗粒粒径换算出每一个判读计算小区中颗粒的质量,进一步就可以使用此命令将当前搜索到的颗粒动量场信息存储到指定的数据文件(＊.dat)中。

5.1.5　浓度场工具

浓度场分析命令窗口如图 5.9 所示。

图 5.9　粒子浓度分析窗口

将粒子图像的浓度分布输出为数据文件(＊.dat)格式。

粒子浓度分析窗口中各参数含义如表 5.5 所示。

表 5.5 粒子浓度分析窗口中各参数含义

参数名称	参数含义
灰度阈值	设定符合浓度分析条件的图像灰度阈值(背景灰度阈值)
计算窗口	设定一个计算区域平均化窗口大小(同时也是形成的网格步长)
等效面积	如果设定使用颗粒粒径分析结果选项,将使用粒径分析结果进行分区的浓度分析,用粒子总面积除以等效面积后将得到在计算窗口中的粒子个数(如果数值为零,表示直接输出搜索统计的个数,忽略粒径大小)

浓度场计算结果如图 5.10 所示。

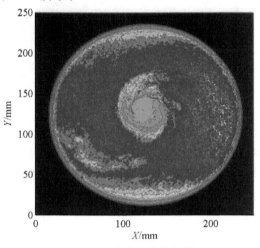

图 5.10 浓度场计算结果

浓度场批处理命令:根据上述设定的浓度场分析参数,对多个图像使用浓度场分析命令进行处理。

5.1.6 标量场工具

标量场测量:通过平面激光诱导荧光的原理,根据荧光物质的荧光光强跟温度有关的原理,当激光能量远小于饱和能量时,荧光的强度 S 可表示为

$$S = \eta \cdot n_a f(T) BI \cdot g(\nu_L, \nu_a) F/(F+Q) \tag{5-1}$$

其中,η 为光路和探测器的总收集效率;n_a 为探测分子的分子密度;$f(T)$ 为吸收分子激光耦合基态密度与探测分子总密度的百分比,在热平衡条件下,它服从玻尔兹曼分布定律;比值 $F/(F+Q)$ 为荧光的产生效率;BI 为激光的泵浦效率,其中 B 表示爱因斯坦吸收系数,I 表示激光的功率密度;$g(\nu_L, \nu_a)$ 为激光谱线线形 ν_L 和由于碰撞、多普勒频移及时间展宽等原因引起的吸收线线形 ν_a 的叠加系数。

在其他实验条件不变的情况下,通过预先标定好流场的信息(采用拍摄六次标定流场图像),可以对后期拍摄到的流场图像进行查表拟和计算,从而得到流场图像对应的定量化结果。

此工具可以配合数字标尺设定具体要测量的区域,或者是关闭数字标尺,计算测量图像全部区域。

下面以温度场为例介绍此功能模块的使用:

在准备好各项实验设备后,如图 5.11 所示,设定好网格步长(测量流场形成的网格划分间

隔,默认值为64 pixel),开始时 10 次标定序号为数值 1(标定第一幅图像),点击"开始标定"按钮,将当前图像采集到图像缓存中,填好标定参数(此处测量温度场,需要填写温度计测量到的流场已知温度),点击"标定计算";将 10 次标定序号增加到 2,等待实际流场温度到达第二次标定参数时,在标定参数中填写好第二次的标定参数,点击"标定计算"……以此类推,直到拍摄完所有 10 幅标定图像。然后进入实际测量阶段,拍摄实际的流场图像,点击结果输出,就可以将当前拍摄的图像存储为温度场的数据文件,可以使用 Tecplot 软件显示结果。

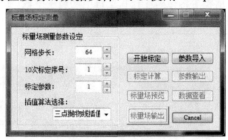

图 5.11　标量场标定测量窗口

在上述标定过程中,注意 10 次的标定参数必须是从小到大依次按顺序排列,而且尽量等间隔涵盖了需要测量的整个量程范围。同时需要注意,图像灰度在整个量程测量范围内,不能出现感光灰度太低或者曝光饱和的现象,否则需要调节相机曝光时间或者激光能量,重新标定 10 幅图像,再进行实际测量。

5.1.7　三维速度测量

三维速度测量命令窗口如图 5.12 所示。其中各参数含义如表 5.6 所示。

图 5.12　三维速度测量窗口

表 5.6　三维速度测量窗口中各参数含义

参数名称		参数含义
左侧 相机设置	相机选择	选择左侧相机数据线连接对应图像板号
	第一帧图像	缓存中放置第一幅校正图像的位置
右侧 相机设置	相机选择	选择右侧相机数据线连接对应图像板号
	第一帧图像	缓存中放置第一幅校正图像的位置
相机异侧摆放		如果激光片光摆放在两台相机中间,采用此种计算方式;如果激光在两台相机的同侧,则不用此选项

续表

参数名称	参数含义
Z 方向移动	校正过程中,每次细调时 CCD 移动的距离
打开 3D 图像	此功能是自动把一幅图像(由左、右相机拍摄的图像来合成的)拆分,再分别放在不同图像板缓存的对应位置
保存 3D 图像	将左、右两个相机在同一时刻分别拍摄的图像(不同图像板对应位置的图像)合成为一幅图像,再按照顺序存储
网格建立	用获取的校正图像建立计算修正网格
网格参数输入	将以前计算过的三维标定参数导入当前设置,可以省去再次建立网格的过程
网格参数输出	将当前网格建立的参数设置保存为数据文件
3D PIV 计算	进行三维 PIV 计算(此命令需要先执行一次二维 PIV 计算,以便初始化计算参数,三维 PIV 计算无需选择计算区域,是对整个图像进行计算)
PIV 批处理	使用“3D PIV 计算”命令所使用的计算参数对大量实验图像进行三维 PIV 计算
3D PTV 计算	进行三维 PTV 计算(此命令需要先执行一次二维 PIV 计算,以便初始化计算参数,三维 PTV 计算无需选择计算区域,是对整个图像进行计算)
导出 2D 结果	分别绘出左、右相机计算的二维流场结果
PTV 批处理	使用“3D PTV 计算”命令所使用的计算参数对大量图像进行三维 PTV 计算

普通的粒子图像测速系统只能得到二维测试截面内的二维速度场测试结果,无法得到垂直于测试截面的第三个速度分量。当第三个速度分量很大时,会给二维的测试结果带来不可忽略的误差,这在很大程度上限制了 PIV 测试技术的应用。

平面三维速度场粒子图像测速系统是在原有的数字式粒子图像测速系统基础之上,利用类似于生物双目视觉原理,使用两套数字式粒子图像测速装置,空间上按照一定倾斜角度同时拍摄实验区域,通过得到的两套二维速度向量场合成计算得到测试区域内的三维速度向量场结果。这不仅弥补了原有二维粒子图像测速系统的不足,修正了二维测试结果,而且真正测量得到了流场的三维速度场结果,如图 5.13 所示。

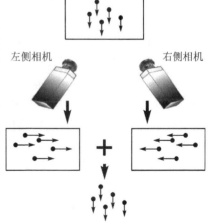

左侧相机　　　　　　　右侧相机

图 5.13　三维速度合成示意图

左右两台相机拍摄到的校准标定点如图 5.14 所示。

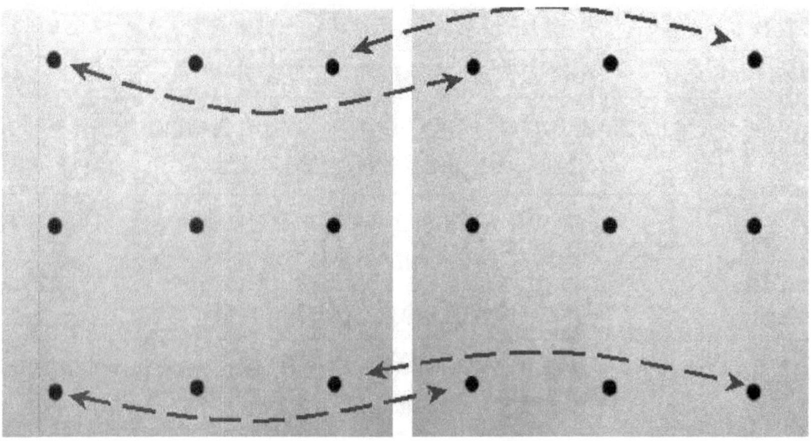

图 5.14　校准标定点对应图

实际的三维测量实验要求先进行校准板的空间定位拍摄。

首先,要求左、右两台相机拍摄校准标定点最大区域相同:左侧相机拍摄的倾斜标定点中,能够确定的最大方格的区域,与右侧相机能够确定的最大方格完全对应(对应实际空间中横向、纵向所占标定点个数相同;左、右相机能够确定的最大方格四个角完全对应)。

在调整和确认左右相机的拍摄标定点后,第二步是进行移动标定点的空间定位拍摄:将校准标定点平面放置于片光平面内,沿着相对于相机由远至近的方向,在片光内等间隔移动两次,左、右两台相机各拍摄三幅校准标定点图像(总共六幅)(现有系统已改为标准板不动,只移动相机的方式)。这六幅移动前后的校准标定点网格图像也必须满足上述左右对应关系。

存储完拍摄的标定点图像,能够在三维速度场计算窗口建立网格后,就可以进行实际的实验粒子图像拍摄。通过软件自动识别不同位置网格上的校准点,使用系统三维计算工具软件可以直接计算得到三维速度向量结果。

三维速度场计算步骤如下:

(1)空间网格建立:选择好左右相机对应的图像板后,同时指定拍摄到的移动网格图像的第一幅存储位置(缓存中指定的第一幅图像位置用于存储移动拍摄标定点中的第一幅,然后实际拍摄的第二幅和第三幅标定点图像依次紧挨着存放在指定的第一幅图像缓存后面),在"Z方向移动"中,填入拍摄移动网格图像的实际空间位置间隔。点击"网格建立"按钮生成三维空间计算网格,如果左右网格图像不满足匹配要求,网格建立过程会提示相关错误信息。图例:将左侧相机拍摄的三幅移动网格图像依次放在图像板♯1的图像缓存 1,2,3 中,将右侧相机拍摄的三幅移动网格图像依次放在图像板♯2的图像缓存 4,5,6 中(两块图像板的图像缓存是独立分开的),在"Z方向移动"中填移动图像板的间隔 1 mm。然后点击"网格建立"按钮生成三维空间计算网格。

(2)三维速度场计算:把将要进行三维计算左右相机拍摄到的图像放入相应的图像缓存中,左侧相机拍摄的图像放入三维速度测量窗口中左侧相机指定的图像缓存中,右侧相机拍摄的图像放入三维速度测量窗口中右侧相机指定的缓存中,点击 3D 速度场计算按钮就可以使用前面生成的三维网格计算左右相机合成的三维速度场。例:使用前面的网格参数,可以将左侧相机拍摄到的图像放入图像板♯1的图像缓存中,前后两个时刻的两幅图像放入图像缓存 1 和 2 中,窗口中指定第一幅图像参数为 1；右侧相机拍摄到的前后两幅图像放入图像板♯2 的图像缓存 1 和 2 中，窗口中指定第一幅图像参数为 1，然后点击"3D PIV 计算"按钮计算三维速度场向量。

（3）存储结果：对经过计算得到的三维速度场结果数据，可以使用"数据结果输出"功能进行存储。存储文件类型可以选择存储左侧相机、右侧相机以及合成后的三维速度场结果。

（4）注意事项：进行三维空间标定的标定点图像可以使用打印机在白纸上打印的黑色标定点，拍摄标定点图像时，要保证背景均匀并且是高亮度（背景灰度值接近相机饱和亮度值）。拍摄的网格图像必须黑白分明而且整个图像背景灰度均匀，黑色背景的灰度不能超过相机饱和亮度值的 30%。这可以通过调节数字相机的曝光时间或镜头的光圈数来实现，有必要的话需要外来普通光源辅助照明。相机在进行等间隔平移拍摄时，所拍摄图像会有一定的移动变化，但是不能出现标定点增加或减少的现象。

5.1.8　批处理计算

在实际的实验中，为了得到更好的结果，不会只拍两张图像进行互相关计算，通常会连续拍摄数十张甚至数百张图像，对每一对图像进行互相关计算后，对全部的计算结果进行平均。在图像数量较大的情况下，为减少重复性工作，就需要用到批处理计算功能。

1. PIV 计算批处理

PIV 计算批处理窗口如图 5.15 所示，其中各参数含义如表 5.7 所示。

图5.15　PIV 计算批处理窗口

表 5.7　PIV 计算批处理窗口中各参数含义

参数名称	参数含义
起始	进行批处理的第一幅图像
结束	进行批处理的最后一幅图像
跨帧间隔	进行批处理时相关计算图像间的帧数间隔
计算间隔	进行批处理时图像对中 A 帧图像之间的帧数间隔
GPU 计算加速	采用 GPU 算法来加速计算
CPU 多线程	采用 CPU 计算方式进行并行运算并设定线程数

此项命令包含三个命令：PIV 计算批处理、保存批处理结果、保存结果网格跟踪和保存径向结果。

PIV 计算批处理命令使用设定的参数对大批图像进行互相关计算，需要注意的是，在调用这个命令之前，需要先对大批图像中某两幅图像进行一次互相关计算以设置计算参数，然后再进行批处理计算。

批处理计算完毕后，会将刚才计算完的结果进行统计平均处理，并把平均的结果保存、显示在最后一个图像缓存中。

图 5.13 中跨帧间隔参数设置为 1，计算间隔参数设置为 2，计算范围为 1 到 400。即 PIV 计算批处理的方式为图像缓存 1 和 2 中的图像进行互相关计算，接着图像缓存 3 和 4 中的图像进行互相关计算，接着图像缓存 5 和 6 中的图像进行互相关计算……以此类推，直至图像缓存 399 和 400 中的图像进行互相关计算后结束。

保存批处理结果命令窗口如图 5.16 所示，命令将每两幅图像 PIV 计算结果保存为一个数据文件，执行完后将保存一系列结果数据文件，文件格式见第 3 章 3.7 节相应介绍。保存批处理结果窗口中各项含义如表 5.8 所示。

图 5.16　保存批处理结果窗口

表 5.8　保存批处理结果窗口中各命令及参数含义

命令或参数名称	含义
浏览	设置批处理结果数据文件保存目录
存储	保存批处理结果数据文件
第一个文件名	批处理数据结果文件名
范围设定	需要保存的批处理结果序号，此序号与参与 PIV 计算的第一帧图像缓存序号对应

注意：批处理计算完毕后，保存在最后图像缓存中的批处理平均结果需要用软件的保存向量功能来手动保存。

导出径向结果命令对应数字标尺的圆形网格计算结果数据文件，按照径向及切向存放数据文件，v_r（径向速度）与 v_t（切向速度）正方向规定如图 5.17 所示。

2.PTV 计算批处理

PTV 计算批处理：

图 5.17　径向结果说明图

此项设置有两个命令：PTV 计算批处理与保存批处理结果。这两个命令与 PIV 计算批处理设置中对应命令使用方式及参数意义一样。

5.2　流场分析

在完成了计算后,就需要对结果进行分析,以获取实验人员需要的数据。

5.2.1　单点数据分析

单点数据分析命令需要在执行完 PIV 批处理后方可进行,主要是对多个向量计算结果进行处理,包含两个命令: ❂ 预览结果曲线与导出单点数据结果。

❂ 预览结果曲线命令以一个像素为单位给出设定区域中所有计算结果的变化曲线,如图 5.18 所示。结果曲线各参数含义如表 5.9 所示。

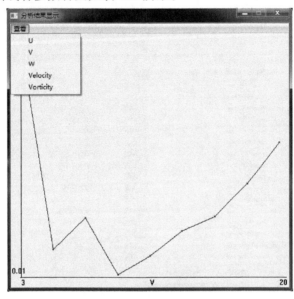

图 5.18　结果曲线窗口

表 5.9　结果曲线窗口中各参数含义

参数名称	参数含义
U	X 方向速度(坐标原点在左上角,正方向自左向右)
V	Y 方向速度(坐标原点在左上角,正方向自上往下)
W	垂直于 X-Y 方向速度
Velocity	速度向量长度
Vorticity	涡量

导出单点数据结果将上述结果依次保存于给定的数据文件中,文件格式见第 3 章 3.7 节中有关说明。

5.2.2　导出数据结果

🥚 导出数据结果命令是将所有的数据存放在一个数据文件中,保留了所有数据信息,导出数据格式按照 PIV/PTV 的结果格式(没有文件头信息)。此命令适用于对整个空间和时间变化的数据进行统计分析。

5.2.3　向量结果平均

向量结果平均命令是将多个 PIV 计算向量结果各速度分量分别平均,并将平均以后向量分布放置于最后一个图像缓存中。

5.2.4　多目录自动批处理

多目录自动批处理命令可以不受图像缓存大小的限制,能够处理硬盘目录中的任意个数 PIV 图像数据文件,并自动保存计算结果文件到对应目录中。多目录自动批处理计算的参数可以通过已经存储过的数据文件格式进行设定,计算模板也可以根据目录中的文件设定,如图 5.19 所示。

图 5.19　多目录自动批处理窗口

多目录自动批处理命令每次可以设定 16 个不同的文件目录进行自动批处理,每个目录可以通过"浏览"选定要计算的一批图像文件的第一个文件,如果选中了计算参数文件以及后面批处理的计算模式,软件会根据当前选定的计算参数文件中的参数进行批处理计算;如果没有选中计算参数文件,系统会自动根据最近一次的 PIV 批处理命令的设定模式进行计算,并会自动根据选中的第一个图像文件的编号,依次累加数字编号计算,直到计算完这一个编号序列的图像文件。计算结果及平均统计得到的平均结果都会自动保存在相应存储图像的根目录下。

使用多目录自动批处理功能处理数据时,如果想加快计算速度,可以使用软件中的 GPU 加速计算或者多线程并行计算功能。此参数的设置方法是在进行多目录自动批处理前,先进行一次手动批处理,在这次手动批处理中设置好使用 GPU 加速计算的参数,或者 CPU 多线程加速计算的参数,这样后来进行的多目录自动批处理就会按照设定好的功能进行数据处理。

模板的设定:每一组目录的计算,都可单独设定模板文件,使用情况与计算参数文件的设定类似。模板功能可以根据实际需要进行选择,如果仅需要计算图像局部一些不规则的区域,为了屏蔽其余部分区域,就要设定模板,模板加载后软件仅计算模板以内的区域图像,模板以外的区域不再参加计算。模板设定步骤:将图像缓存移到最后一幅→打开模板图像→图像菜单→边界检测→设定为模板,点击"确定"后完成模板设置,进行 PIV 计算时要把图像边界模板勾选上,如图 5.20 所示。

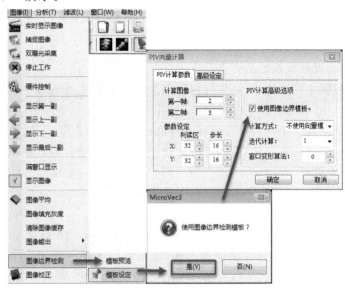

图 5.20　图形边界模板设定的操作流程

♻ 多目录自动批处理操作流程:菜单栏的分析→多目录自动 PIV 批处理→多目录自动批处理计算→选择计算的起始图像位置→选择样本数据文件→选择图像模板→确定,点击"确定"后软件会根据相关的参数配置自动进行计算。软件集成了通过对批处理阈值的设定来实现对多目录自动批处理向量修正率的监视功能,当某一对图像 PIV 数据处理修正率超过设定的阈值时,数据结果在保存时会同时自动生成一个名为 ErrorNote 的文本文档,里面将会把超过阈值的数据文件相关信息记录下来。设定过程:菜单栏的分析→参数设定→批处理数据阈值→数值设定,点击确定就可以了;参数值的大小可以根据实际实验的要求进行选择,软件默认阈值为 50%。

数据结果文件平均化功能可以将已经计算出来的向量文件进行平均化,使用该功能后,软件会自动生成一组和原先数据文件相对应的文件名包含"-_HD_"标示的数据文件,此时新生成的数据文件里面增加了流场对应的雷诺应力、湍动能,最后生成一个平均数据文件。

数据结果文件平均化使用非常简单,操作步骤:菜单栏的分析→多目录自动批处理→数据结果平均化,依次选择后就会弹出下面的对话框(见图 5.21),通过浏览选择需要平均化数据文件的起始位置,在数据文件缓存设定里填入数据文件起始点的编号,通常结束位置稍微大于数据文件的编号,然后点击打开即可以进行数据平均化处理。

结果平均化处理时,不会改变原始数据文件,以前计算过的平均数据文件不参与计算。如果此数据文件夹里面有命名不同的数据文件,则软件仅匹配所选择的文件名相同、编号不同的数据文件进行计算。如果计算过程中某些数据文件修正率较高,超过了设定的阈值,软件会在自动生成的 ErrorNote 文本文档里面给予记录,超过阈值的数据文件仍然参加计算。

图 5.21　打开数据文件对话框

使用多目录自动批处理功能的要点：

(1)进行样本数据文件计算时,计算过程可以参考 PIV 数据处理部分,计算区域选定后务必锁定标尺。

(2)模板的选择注意事项：一方面,模板文件的格式软件一定要支持；另一方面,模板黑白对比度一定要明显,需要计算区域全白,屏蔽区域全黑。批处理前可以先把图像模板打开,来确认模板是否符合要求。

5.2.5　PIV 数据结果的显示

MicroVec 3 可以通过相关的快捷面板直接连接到 Tecplot 10 软件上,进行当前缓存上 PIV 数据结果文件的显示。该功能的使用过程：菜单栏的查看→启用 Tecplot(如图 5.22 所示)→Select Initial Plot(点击确定)→开始 MicroVec(如图 5.23 所示),此时就可以使用该功能对数据文件进行查看了。

Tecplot 10 软件的安装过程必须按照默认的目录进行,不要修改软件安装目录。Tecplot 10 是一个专业的数据文件结果显示软件,它的主要功能是把流场 PIV 数据结果的 u、v、w 分量,速度,涡量,脉动量等相关参数显示出来。

拷贝 MicroVec 目录中的 Tecplot. mcr 文件,覆盖 Tecplot 安装目录 TEC100 中原有的文件,正常显示中文汉化的快捷宏命令面板。

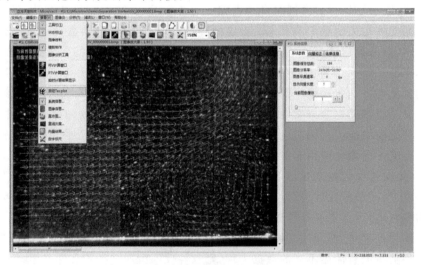

图 5.22　启动 Tecplot

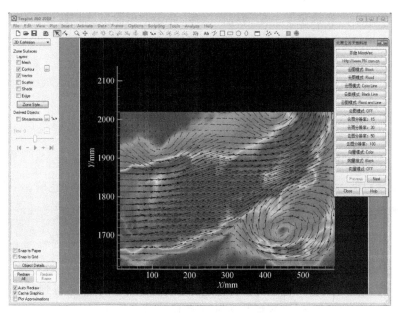

图 5.23　启动 Tecplot 的宏命令

5.2.6　向量显示

为了更好地观察流场形态,可以更改向量显示的方式或清除向量。

1.向量显示设定

此功能窗口用于设定向量显示的颜色、长度比例等参数,以及显示向量的网格线分布,如图 5.24 所示。

图 5.24　向量显示设定窗口

2.清除当前向量

清除当前向量命令是将当前图像中所圈定区域或整个图像中的向量结果设置为 0,为避免误删除,删除前会有一个询问确认窗口,点击"是"按钮,即可执行删除命令,如图 5.25 所示。

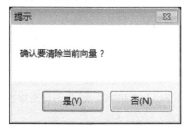

图 5.25　确认清除向量窗口

如果在当前图中已经选定了一定的操作区域,此命令删除所选定区域内的向量结果;如果没有选定操作区域,此命令将删除所显示的所有向量。

5.3　滤波

滤波功能可以实现对图像的数字滤波或变换等操作。

![滤波工具栏图标]

MicroVec 软件提供通用的数字图像滤波以及图像变换工具如下:

(1)![灰度拉伸图标]灰度拉伸:对数字图像进行灰度拉伸,调整数字图像的灰度色阶。

(2)![图像模糊图标]图像模糊:对数字图像进行模糊化处理,模糊参数可以设定。

(3)![对比度调整图标]对比度调整:对数字图像进行对比度调整,增强图像亮暗变化。

(4)![图像翻转图标]图像翻转:对数字图像进行上下、左右或者斜轴向对称反转。

(5)![图像计算图标]图像计算:将缓存中两幅图像按照一定的计算方式计算后得到另一帧图像。具体设定如图 5.26 所示,设定的各项参数含义如表 5.10 所示。

图 5.26　图像计算设定窗口

表 5.10　图像计算设定窗口中各参数含义

参数名称	参数含义
第一帧	选择参与计算的第一幅图像的缓存位置
平均＋	图像灰度值计算方式
第二帧	选择参与计算的第二幅图像的缓存位置
计算结果	设定结果图像的缓存位置

图像灰度值设定的计算方式如表 5.11 所示。

表 5.11　图像灰度值计算方式设定

计算方式	具体含义
平均＋	将两幅图像灰度值相加再取平均值放到结果图像中
积分＋	将两幅图像的灰度值相加(结果中灰度值超过饱和值的按饱和值处理)
相减－	将两幅图像的灰度值相减(结果取绝对值)
与 AND	两幅图像在同一位置的灰度值都为大,则结果图像在此位置的灰度值也大,否则结果图像在此位置灰度值小

续表

计算方式	具体含义
或 OR	两幅图像中,任意一幅图像在某个位置的灰度值大,则结果图像在此位置的灰度值也大,否则结果图像在此位置灰度值小
异或 XOR	若两幅图像的相同位置为一帧图像灰度值大,另一帧灰度值小,则结果图像在此位置的灰度值大,否则结果图像在此位置灰度值小
对比度调整	根据第一帧图像的亮度,调整第二帧图像的亮度
差异比较	将两幅图像灰度的差异部分放到结果图像中(可以设定参与计算的灰度阈值,如图 5.27 所示)

图 5.27　差异比较

(6) ![图标] 图像灰度翻转:将图像的灰度值的大小翻转后,在同一帧图像位置生成新的图像。

5.4　后处理

在计算和分析完成后,得到的是数字格式的数据结果。为了方便对结果进行研究及讨论,以及实验结果的发表等相关工作,还需要进行后处理以形成直观的图形结果。常用的流场结果后处理软件主要有 Tecplot 以及 Origin 等,下文简单介绍。

5.4.1　Tecplot

Tecplot 是一款功能强大的数据分析和可视化处理软件,广泛应用于各种流体力学计算和实验结果的显示。它提供了丰富的绘图格式,包括 x-y 曲线图,多种格式的 2D 和 3D 面绘图、3D 体绘图格式,同时 PIV 软件计算得到的速度矢量场可以通过 Tecplot 显示各个流体力学参数,包括速度的 u、v 分量以及合成的大小、方向和等值云图;涡量的大小、方向和等值云图;二维截面流线;测试结果沿时间的演化变换动画。而且软件易学易用,界面简单易懂。

它可直接导入常见的网格、CAD 图形及 CFD 软件(PHOENICS,FLUENT,STAR-CD)生成的文件。能直接导入 CGNS,DXF,EXCEL,GRIDGEN,PLOT3D 格式的文件。能导出的文件格式包括了 BMP,AVI,JPEG,WINDOWS 等常用格式。利用鼠标直接点击即可知道流场中任一点的数值,能随意增加和删除指定的等值线(面)。在工程实践和科学研究中,Tecplot 的应用日益广泛,用户遍及航空航天、国防、汽车、石油等领域的企业,以及流体力学、传热学、地球科学等学科的科研机构。

根据 Tecplot、PIV 和流体知识的特点,创建的 Tecplot 宏命令面板如图 5.28 所示,通过点击一个按钮便能完成一系列命令的控制。只需将 MicroVec 软件安装目录(C:\Microvec)

下的 Tecplot. mcr 文件拷贝到 Tecplot 安装目录下（如 C：\Program Files\TEC100）即可。宏命令面板中各个按钮意义如表 5.12 所示。

（a）　　　　　　　　（b）　　　　　　　　（c）　　　　　　　　（d）

图 5.28　Tecplot 宏命令面板

表 5.12　Tecplot 宏命令面板按钮功能

宏命令按钮	宏命令按钮功能
开始 MicroVec	开始运行宏命令
Http：//www. PIV. com. cn	宏命令开发者网址
云图模式：Block	背景等值云图采用块状显示方式
云图模式：Flood	背景等值云图采用连续彩色变化方式
云图模式：Color Line	背景等值云图采用等值彩色线方式
云图模式：Black Line	背景等值云图采用黑色等值线方式
云图模式：Flood and Line	背景等值云图采用连续彩色和黑色等值线方式
云图模式：OFF	关闭显示背景云图
云图分辨率：15	背景等值云图显示颜色色阶为 15
云图分辨率：30	背景等值云图显示颜色色阶为 30
云图分辨率：100	背景等值云图显示颜色色阶为 100
向量模式：Color	向量颜色显示为彩色渐变
向量模式：Black	向量颜色显示为黑色
向量模式：OFF	关闭向量显示
Previous	上一页

宏命令按钮	宏命令按钮功能
Next	下一页
U	背景云图显示速度分量 U 的分布
V	背景云图显示速度分量 V 的分布
W	背景云图显示速度分量 W 的分布
Speed	背景云图显示合成速度的分布
du/dy	背景云图显示 du/dy 的分布
dv/dx	背景云图显示 dv/dx 的分布
du/dx	背景云图显示 du/dx 的分布
dv/dy	背景云图显示 dv/dy 的分布
dw/dz	背景云图显示 dw/dz 的分布
Vorticity	背景云图显示涡量分布
U Standard Deviation	背景云图显示速度分量 U 的脉动量/湍流度
V Standard Deviation	背景云图显示速度分量 V 的脉动量/湍流度
W Standard Deviation	背景云图显示速度分量 W 的脉动量/湍流度
Speed Standard Deviation	背景云图显示合成速度的脉动量/湍流度
Vorticity Standard Deviation	背景云图显示涡量的脉动量
动态显示所有图层	动态依次显示所有打开的数据图层
叠加显示所有图层	叠加显示所有打开的数据图层
显示:第一层	显示第一个数据图层
显示:上一层	显示上一个数据图层
显示:下一层	显示下一个数据图层
显示:最后一层	显示最后一个数据图层
向量长度自动调整	向量长度根据速度矢量自动调整显示比例
向量长度微增加	小幅增加向量显示长度
向量长度微减少	小幅减少向量显示长度
向量长度增加	大幅增加向量显示长度
向量长度减少	大幅减少向量显示长度
自动向量长度	向量长度根据速度大小显示
锁定向量长度	向量长度恒定不变
间隔显示:NON	关闭间隔显示数据网格
间隔显示:I＝I+1	数据网格横向稀疏一倍

宏命令按钮	宏命令按钮功能
间隔显示:J＝J＋1	数据网格纵向稀疏一倍
间隔显示:[I,J]＝[I,J]＋1	数据网格横向和纵向都稀疏一倍
流线居中(垂直)	流线沿纵向等间隔分布
流线居中(水平)	流线沿横向等间隔分布
流线居左	流线从左侧等间隔画出
流线居右	流线从右侧等间隔画出
流线居上	流线从上方等间隔画出
流线居下	流线从下方等间隔画出
流线清除	清除所画的流线
流线数目:20	一次自动画出 20 条流线
流线数目:50	一次自动画出 50 条流线
流线数目:100	一次自动画出 100 条流线
流线数目:200	一次自动画出 200 条流线

5.4.2 Origin

Origin 是一款较为流行的专业函数绘图软件,用于各种数据的显示、计算、分析和数理统计,既可以满足一般用户的制图需要,也可以满足高级用户数据分析、函数拟合的需要。Origin 简单易学、操作简便、功能强大,使用 Origin 就像使用 Excel 和 Word 那样简单,只需点击鼠标,选择菜单命令就可以完成大部分工作,获得满意的结果。

Origin 具有两大主要功能:数据分析和绘图。Origin 的数据分析主要包括统计、信号处理、图像处理、峰值分析和曲线拟合等各种完善的数学分析功能。准备好数据后,进行数据分析时,只需选择所要分析的数据,然后再选择相应的菜单命令即可。Origin 的绘图是基于模板的,Origin 自身提供了几十种 2D 和 3D 绘图模板而且允许用户自己定制模板。绘图时,只要选择所需要的模板就行。用户可以自定义数学函数、图形样式和绘图模板,也可以和各种数据库软件、办公软件、图像处理软件等软件方便地连接。

Origin 可以导入包括 ASCⅡ,Binary,pClamp 在内的多种数据格式。另外,还可以输出多种格式的图像文件,譬如 JPEG,GIF,EPS,TIFF 等。

第 6 章   PIV 系统应用实例

为便于本书的读者理解粒子图像分析技术的原理,快速掌握实际的实验操作,具备在科研工作中需要掌握的技术,能够独立地完成较为复杂的 PIV 实验及分析,本章将通过不同情景的应用范例具体讲解 PIV 实验过程和软硬件使用。

6.1   二维粒子图像测速系统应用范例

二维粒子图像测速(2D-2C PIV)的实验目的是测量一个平面内部的二维速度矢量分布,是最常用的 PIV 实验之一。

6.1.1   系统介绍

二维粒子图像测速系统如图 6.1 所示。

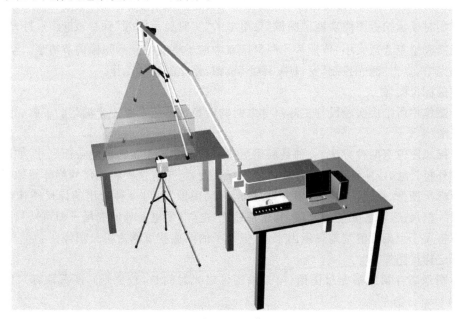

图 6.1   二维粒子图像测速系统示意图

1.实验数据采集

二维 PIV 系统图像采集及标定工作步骤如下:

1)将激光片光调整至测量位置

将激光片光厚度调整至 1 mm 左右,并用片光照射研究区域(注意遵守激光器操作安全守则)。

2)调整相机架至合适位置

将相机架(三脚架或坐标架)放置于合适位置并将之调整至合适高度以放置相机。

3)安装 CCD 相机及镜头

将镜头安装在 CCD 相机上并将 CCD 相机固定于相机架上,连接好 CCD 相机的电源线以及 CCD 相机与图像板之间的数据线。安装 CCD 相机前需要切断电源插座供电,盖上镜头盖,镜头光圈调至最小(即光圈数最大)。

4)开机运行软件

开机运行软件,调出"硬件控制"窗口("图像"菜单中的"硬件控制"命令或),在"相机控制"栏下,在♯1图像板对应相机控制窗口中,通信端口选择"CamLink",检测通过后即可进行下一步工作。若检测不通过,实验人员可以通过拔插相机上的电源进行复位,但不可热拔插相机数据线,然后再重新进行上述检测工作;若仍然检测不通过,关闭计算机后,关闭电源,重新进行 CCD 相机的数据线以及电源线的连接。

5)测量系统对焦

将"相机控制"窗口中相机"工作模式"选择为"PIV 模式"。

加入示踪粒子,运行实验测试段。

调出"硬件控制"窗口("图像"菜单中的"硬件控制"命令或),选择"激光器"栏,将"高级设定"中对应项目设置完毕。

点击"设置参数"按钮,将激光器运行参数设置完毕,点击"运行"按钮。

调出实时显示拍摄图像功能("图像"菜单中的"实时显示图像"命令或),打开镜头盖,将镜头光圈调整至合适大小,依照片光照射区域中粒子将实时显示图像调节清楚。至此,测量系统调焦完毕,点击"激光控制"窗口中"停止"按钮,停止激光器工作。

6)拍摄标尺图像

对于图像中所拍摄实验段与实际尺寸之间的转换关系还没有一个清楚的了解,为此,需要拍摄标尺图像。

获得标尺图像有两种方法,一种是利用所拍摄图像中某些实验段的特征尺寸,如已知的管道内径或外径尺寸,或实验段中某个物体的实际长度,将拍有这些特征尺寸物体图像保存下来就可作为标尺图像(标尺图像具体用法见"标定标尺图像");另一种常用的标尺图像就是在片光处放置一把尺子(将激光能量调弱,利用自然光、电灯、手电筒等照亮尺子即可),只要在所拍摄图像中将尺子上刻度清楚地显示出来,这把尺子的图像就可作为标尺图像。

7)标定标尺图像

选择图像缓存第二幅标尺图像(第二幅图像曝光时间长,较清晰),所截取标尺图像如图6.2所示。

图 6.2　标尺图像

在采集标尺图像时,如果光线不够明亮,所获得的标尺图像可能偏暗,此时,调出"灰度直方图"窗口（"查看"菜单中的"直方图"命令或 ，如图 6.3 所示），由图中可以看出，由于图像整体偏暗，灰度分布集中于比较小的一部分，使用鼠标左键点击右边小三角并往左边拖动，调整灰度分布如图 6.4 所示。

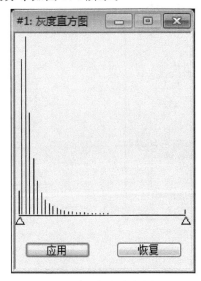

图 6.3　灰度直方图

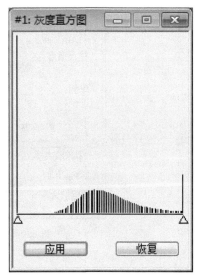

图 6.4　灰度分布调整后的灰度直方图

此时，图 6.2 中标尺图像就会变得很清楚，如图 6.5 所示。

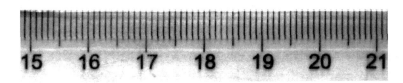

图 6.5　灰度分布调整后的标尺图像

调出"数字标尺"窗口（"查看"菜单中"数字标尺"命令或 ），取消"显示矩形区域"这一选项，在图像中按着鼠标左键沿刻度线画一条线（如图 6.6 所示）。

图 6.6　标尺标定

如图 6.7 所示，软件自动识别出图 6.6 中所绘制的直线实际长度为 59.98 mm，同时自动计算出图像放大率（此时的图像放大率为 0.0556936），在"跨帧时间"栏中输入实验时所采用的跨帧时间（此处的跨帧时间为 100 μs）。选择"另存为"（）将标定后的标尺图像进行保存。

如果所拍摄的标尺图像质量很差，或者使用其他非标准的尺子、物体（如实验使用的模型尺寸)来标定时,需要手动在"长度"栏中输入绘制直线的实际长度,然后点击"图像放大率"。

图 6.7　标尺设定窗口

8)图像记录

将激光器能量调节到正常值,打开"硬件控制"窗口("图像"菜单中的"硬件控制"命令或![icon])),选择"图像记录"栏,在"图像缓存"栏"开始位置"及"截止位置"中输入存放图像的缓存位置,比如,"开始位置"输入 1,"截止位置"处输入 100,即表示所记录图像保存在图像缓存1~100中,一共采集 100 幅图。

运行实验,到合适的运行时间时,点击"激光控制"窗口中"运行"按钮,运行激光器。点击软件"实时显示"按钮实时显示图像,在合适时间点击"图像记录"窗口中"记录"按钮,图像会被依次保存于图像缓存中。此时图像保存在内存中,并没有保存在硬盘上。

9)查看图像是否符合实验要求

查看图像分为两步进行,首先查看图像中粒子分布是否比较好,主要标志在于粒子数量是否比较多,且分布是否比较均匀。

其次,对经过第一步筛选的图像进行初步计算:

调出"数字标尺"窗口("查看"菜单中的"数字标尺"命令或![icon])。

在待分析图像中选择合适的计算区域,并调用"PIV 向量计算"窗口("查看"菜单中"PIV计算窗口"命令或![icon]),设置好合适的计算参数,进行 PIV 计算。

如果计算所得向量分布比较平滑,明显的错误矢量较少,或经过修正后结果令人比较满意,均表示所采集图像满足实验要求。

如果对采集图像不满意,重复 8)、9)两个步骤至采集到满意的粒子图像为止。

10)保存记录图像

打开"保存图像序列"窗口("文件"菜单中"保存图像序列"命令或![icon]),点击"浏览"按钮,设置图像保存所在目录,需要注意的是,图像序列会自动保存为图像标号,默认标号为 000001~999999,所以在给第一幅图像取名时建议使用"20 -"的形式,如图 6.8 所示,其中比较常见的形式是将文件名前半部分设置为脉冲光时间间隔,中间加一个"-"以便让后续图像编号与文件名前半部分区分开。

图 6.8　序列图像保存命名

以上二维 PIV 实验图像采集流程如图 6.9 所示。

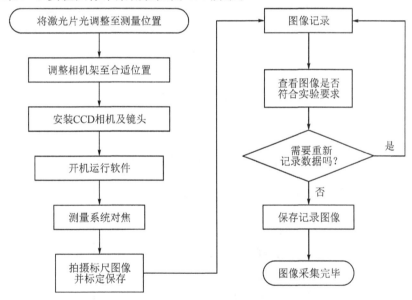

图 6.9　二维 PIV 实验流程图

2. 实验图像分析

实验时不可能对每幅图像都进行具体分析,下文以处理一对图像为例,介绍从采集图片中分析获得实验数据的步骤。

1)读入标尺图像

打开"打开图像"窗口("文件"菜单中的"打开图像"命令),选择拍摄的标尺图像,点击确定。

2)读入粒子图像

打开"打开图像序列"窗口("文件"菜单中"打开图像序列"命令或 ），将大量实验图像导入所设定的图像缓存区中。

3)一对图像分析

在对大量图像进行 PIV 批处理前,首先需要对一对图像进行计算,以便为批处理计算以及速度修正设置计算参数。

选择计算区域。在实际实验时,有时采集所得图像并不是所有区域图像质量都比较好,或并不需要对采集图像整体都进行 PIV 计算,此时,就需要选择计算区域。打开"数字标尺"窗口("查看"菜单中"数字标尺"命令或 ），选择需要进行 PIV 分析的区域,并选择"锁定标尺"选项,如图 6.10 所示。"锁定标尺"选项的主要作用在于下一步图像批处理时,均对现在选择区域进行计算。

图 6.10　数字标尺设置窗口

打开"PIV 向量计算"窗口("查看"菜单中的"PIV 计算窗口"命令或 ），按照设定的参数进行 PIV 计算。如果对本次向量计算结果以及修正后结果不满意,可以删除本次结果重新选择计算参数或不同区域进行计算("分析"菜单中的"清除当前向量"命令),在所弹出的询问窗口中点击"确定"按钮,即可删除本次计算结果。

选择合适放大比例显示向量。如果计算所得向量过小,可在调节系统信息窗口("查看"菜单中的"系统信息"命令或 ）的"向量长度"栏中选择使用合适的向量显示长度,如图 6.11所示。

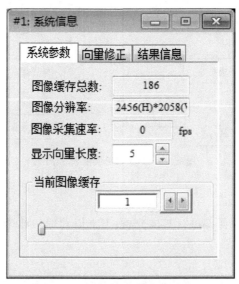

图 6.11　选择向量显示长度界面

如果觉得向量显示不够清楚,可选择"图像"菜单中"显示图像"来仅仅显示向量图像。

打开"向量修正"窗口,对计算所得向量场进行修正。打开"向量修正"窗口的另一个作用在于:打开此窗口后,后续批处理计算时会调用窗口中的参数对计算结果进行修正。

4)PIV 图像批处理

打开"PIV 批处理"窗口("分析"菜单中"PIV 计算批处理"的"PIV 计算批处理"命令),并设置好需要进行批处理的图像,如图 6.12 所示。窗口中"起始"表示开始进行批处理的图像缓存序号,"结束"表示需要进行批处理的最后一个图像缓存序号。一般地,批处理采用默认的计算方法,点击"确定"按钮,软件会对设定图像进行批处理并按照前面设定的修正参数自动修正计算结果。此时计算所得向量分布分别保存于 1,3,5…图像中。

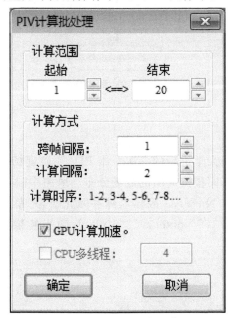

图 6.12　PIV 计算批处理窗口

5)保存计算结果

在保存计算结果前,首先需要浏览一下批处理结果。在实际实验采集所得的一批图像中,不排除有些计算结果所得向量场无法令人满意,对于这样的计算结果,有两种处理方法,一种是不保存这个计算结果;另一种就是对其中某些图再次选择计算参数重新进行计算。

上述工作完毕以后,保存计算结果。调出"保存批处理结果"窗口("分析"菜单中"PIV 计算批处理"的"保存批处理结果"命令),设定保存的文件名以及需要保存的计算结果范围。需要注意的是,如果批处理采用第一种计算方式,计算数据文件名后半部分中分别有 000001、000003、000005、…。

6)对数据做进一步处理

至此,数据处理完毕,实验人员可使用 Tecplot、Origin 等软件对数据文件做进一步的分析。

上述二维 PIV 图像分析流程如图 6.13 所示。

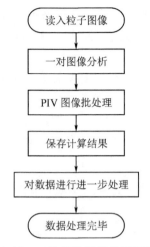

图 6.13　二维 PIV 图像分析流程图

6.1.2　补充案例

图 6.14 为北京航空航天大学进行的一次二维 PIV 实验现场装置图。其实验目的是在低马赫的工况下,测试风洞中不同模型周围的流场分布。风洞中的 PIV 通常都是在高速流场下进行的,所以这个实验采用了 Nd-YAG 固体双脉冲激光器,将单脉冲能量 150 mJ 作为光源,采用的双曝光相机分辨率为 1600 pixel×1200 pixel,同步器精度 0.25 ns。实验结果如图 6.15 所示。

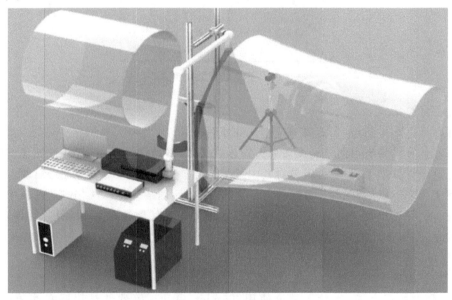

图 6.14　实验现场

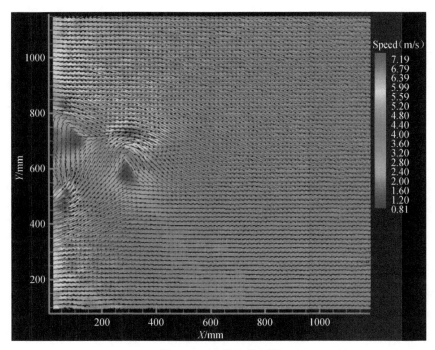

图 6.15　速度场分布图

由图 6.15 可以看到,PIV 实验准确地测出了气体高速运动时的流速分布。

6.2　TR-PIV 应用范例

时间分辨率粒子图像测速(TR-PIV),通常是利用连续激光器或超频脉冲激光器作为光源,配合高拍摄帧率的相机进行 PIV 实验,从而获得高时间分辨率的实验结果。

6.2.1　连续模式(无需使用同步控制器)

TR-PIV 系统连续模式适用于测量流速在 0.5 m/s 以下的流场,其实验布置图如图 6.16 所示。

图 6.16　TR-PIV 系统连续模式布置图

TR-PIV 系统连续模式时序图如图 6.17 所示。

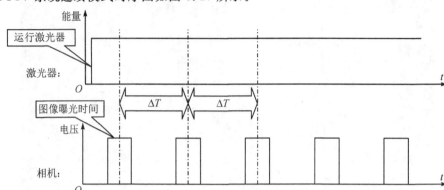

图 6.17　TR-PIV 系统连续模式时序图

下面介绍 TR-PIV 系统在连续模式下的具体操作步骤。

1. 实验数据的采集

1）将激光片光调整至测量位置

将激光器调制方式选择开关拨到"TTL＋"，片光厚度调整至 1 mm 左右，并用片光照射研究区域（注意遵守激光器操作安全守则）。

2）调整相机架至合适位置

将相机架（三脚架或坐标架）放置于合适位置并将之调整至合适高度以放置相机。

3）安装 CCD 相机及镜头

将镜头安装在 CCD 相机上并将 CCD 相机固定于相机架上，连接好 CCD 相机的电源线以及 CCD 相机与图像板之间的数据线。安装 CCD 相机前需要切断电源插座供电，盖上镜头盖，镜头光圈调至最小（光圈数最大）。

4）开机运行软件

开机运行软件，调出"硬件控制"窗口（"图像"菜单中的"硬件控制"命令或 ![icon] ），再选中"相机控制"按钮，在相机控制窗口中，通信端口选择"CamLink"，检测通过后，将"相机控制"窗口中相机"工作模式"选择为"连续模式"。若检测不通过，实验人员可以通过拔插相机上的电源进行复位，但不可热拔插相机数据线，然后重复上述检测工作；若仍然检测不通过，关闭计算机后，关闭电源，重新进行 CCD 相机的数据线以及电源线的连接。

5）测量系统对焦

加入示踪粒子（建议按照 1 t 水加入 10 g 粒子的比例），运行实验测试段。

调出实时显示拍摄图像功能（"图像"菜单中的"实时显示图像"命令或 ![icon] ），打开镜头盖，将镜头光圈从小到大调整至合适大小，若光圈调整到最大后粒子图还是很暗，可通过激光器电流调节旋钮提高激光能量，或者在"相机控制"窗口中，将"曝光时间控制"栏中的值增大。依照片光照射区域中粒子将实时显示图像调节清楚。至此，测量系统调焦完毕。停止相机工作（"图像"菜单中的"停止工作"命令或 ![icon] ）。

6）拍摄标尺图像

获得标尺图像有两种方法，一种是利用所拍摄图像中某些实验段的特征尺寸，如已知的管道内径或外径尺寸,或实验段中某个物体的实际长度,将拍有这些特征尺寸物体图像保存下来就可作为标尺图像;另一种常用的标尺图像就是在片光处放置一把尺子(将激光能量调弱,利用自然光、电灯、手电筒等照亮尺子即可),只要在所拍摄图像中尺子上的刻度清楚地显示出来,这把尺子的图像就可作为标尺图像。

7)标定

选择图像缓存第二幅标尺图像,所截取标尺图像如图 6.18 所示。

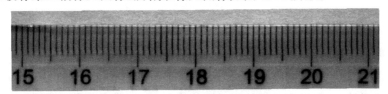

图 6.18　标尺图像

在采集标尺图像时,如果光线不够明亮,所获得的标尺图像可能偏暗,此时,调出"灰度直方图"窗口("查看"菜单中"直方图"命令或 ,如图 6.19 所示),由图中可以看出,由于图像整体偏暗,灰度分布集中于比较小的一部分,使用鼠标左键点击右边小三角并向左边拖动,将灰度分布调整为如图 6.20 所示。

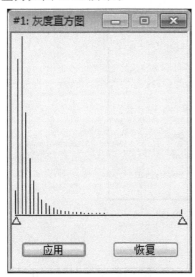
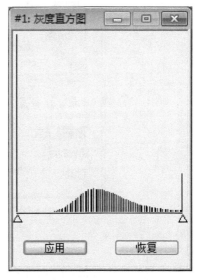

图 6.19　灰度直方图　　　　　图 6.20　灰度分布调整后的灰度直方图

此时,图 6.18 中标尺图像就会变得很清楚,如图 6.21 所示。

图 6.21　灰度分布调整后的标尺图像

调出"数字标尺"窗口("查看"菜单中"数字标尺"命令或),取消"显示矩形区域"这一选项,在图像中按着鼠标左键沿刻度线画一条线(如图 6.22 所示)。

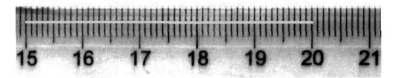

图 6.22　标尺标定

如图 6.23 所示,软件自动识别出图 6.22 中所绘制的直线实际长度为 59.98 mm,同时自动计算出图像放大率(此时的图像放大率为 0.0556936),在"跨帧时间"栏中输入实验时所采用的跨帧时间(此处的跨帧时间为 100 μs)。选择"另存为"(▇)将标定后的标尺图像保存。

这里值得注意的是,如果所拍摄的标尺图像质量很差,或者使用其他非标准的物体(如实验使用的模型尺寸)来标定时,需要手动在"长度"栏中输入绘制直线的实际长度,然后点击"图像放大率"。

图 6.23　标尺设定窗口

8)图像记录

将激光器能量调节到正常值,在"硬件控制"窗口中选择"图像记录"按钮,在"图像缓存"栏目"开始位置"及"截止位置"中输入存放图像的缓存位置,比如,"开始位置"处输入 1,"截止位置"处输入 100,即表示所记录图像保存在图像缓存 1~100 中,一共采集 100 幅图。先点击"图像"菜单中的"实时显示图像"命令或 ▇ ,待系统稳定后,再点击"记录"按钮,图像会被依次保存于图像缓存中。若此时同步器处于工作状态,且通过 BNC 信号线与相机相连,需断开同步器与电脑相连的 USB 线,或者断开同步器与相机相连的 BNC 信号线,防止同步器信号干扰相机记录图像。

9)查看图像是否符合实验要求

查看图像分为两步进行,首先查看图像中粒子分布是否比较好,主要标志在于粒子数量是否比较多,且分布是否比较均匀。

其次,对经过第一步筛选的图像进行初步计算:调出"数字标尺"窗口("查看"菜单中的"数字标尺"命令或 )。在待分析图像中选择合适的计算区域,并调用"PIV 向量计算"窗口("查看"菜单中的"PIV 计算窗口"命令或),设置好合适的计算参数,进行 PIV 计算。如果计算所得向量分布符合流动情况,明显的错误矢量较少,或经过修正后结果令人比较满意,均表示所采集图像满足实验要求。

如果对采集图像不满意,重复 8)、9)两个步骤直至采集到满意的粒子图像。

10)保存记录图像

打开"保存图像序列"窗口("文件"菜单中的"保存图像序列"命令或),点击"浏览"按钮,设置图像保存所在目录,需要注意的是,图像序列保存时会自动为图像标号,默认标号为000001~999999,所以,在给第一幅图像取名时建议使用"300us –",如图 6.24 所示的形式,其中比较常见的形式是将文件名前半部分设置为双曝光时间间隔,中间加一个"–"以便让后续图像编号与文件名前半部分区分开。

图 6.24　图像序列保存命名

2. 实验图像的分析

1)读入粒子图像

打开"打开图像序列"窗口("文件"菜单中"打开图像序列"命令或),将一系列实验图像导入所设定的图像缓存区中。

2)一对图像分析

若需要选择计算区域,只需打开"数字标尺"窗口("查看"菜单中"数字标尺"命令或),按住鼠标左键并拖动选择计算区域。

打开"PIV 向量计算"窗口("查看"菜单中"PIV 计算窗口"命令或 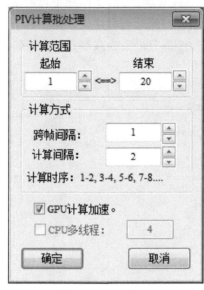),选择合适的参数进行 PIV 计算(也可以用默认值),直到计算出满意的结果为止。

3)图像批处理

打开"PIV 批处理"窗口("分析"菜单中"PIV 计算批处理"的"PIV 计算批处理"命令),并设置好需要进行批处理的图像(如图 6.25 所示)。窗口中"起始"表示开始进行批处理的图像缓存序号,"结束"表示需要进行批处理的最后一个图像缓存序号。选择合适的计算方式(也可采用默认参数),同时可选择 GPU 计算加速或者 CPU 多线程(参与计算图像总数必须是线程数的偶数倍),点击"确定"按钮,软件会按照之前设定好的各个参数对参与计算的图像进行批处理。

图 6.25　PIV 计算批处理

4)保存计算结果

在保存计算结果前,首先需要浏览一下批处理结果。在实际实验采集所得一批图像中,不排除有些计算结果所得向量场无法令人满意,对于这样的计算结果,有两种处理方法,一种是不保存这个计算结果,另一种就是对其中某些图像重新选择计算参数再次进行计算。

上述工作完毕以后,调出"保存批处理结果"窗口("分析"菜单中"PIV 计算批处理"中"保存批处理结果"命令),设定保存的文件名以及需要保存的计算结果范围。若需要保存批处理的平均结果,需要在最后一个图像缓存位置(批处理完成后自动将平均结果放在最后一个图像缓存),打开"保存向量文件"窗口("文件"菜单中"保存向量文件"或),选择好存储位置后点击"保存"。

5)对数据做进一步处理

至此,数据处理完毕,可使用 Tecplot、Origin 等软件对数据文件做进一步的分析。

6.2.2　PIV 模式(需要使用同步控制器)

TR-PIV 系统的 PIV 模式适用于测量流速在 2 m/s 以内的流场,其实验布置图如图 6.26 所示。

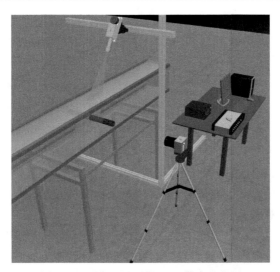

图 6.26　TR-PIV 系统 PIV 模式示意图

TR-PIV 系统 PIV 模式时序图如图 6.27 所示。

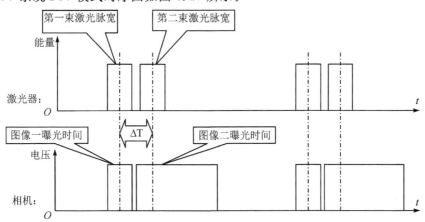

图 6.27　TR-PIV 系统 PIV 模式时序图

下面介绍 TR-PIV 系统在 PIV 模式下的具体操作步骤。

1. 实验数据的采集

1）将激光片光调整至测量位置

将激光器调制方式选择开关拨到"TTL＋"，片光厚度调整至 1 mm 左右，并用片光照射研究区域，再将激光器调制方式选择开关拨到"TTL－"（注意遵守激光器操作安全守则）。

2）调整相机架至合适位置

将相机架（三脚架或坐标架）放置于合适位置并将之调整至合适高度以放置相机。

3）安装 CCD 相机及镜头

将镜头安装在 CCD 相机上并将 CCD 相机固定于相机架上，连接好 CCD 相机的电源线以及 CCD 相机与图像板之间的数据线。安装 CCD 相机前需要切断电源插座供电，盖上镜头盖，镜头光圈调至最小（光圈数最大）。

4）用同步控制器来控制激光器和相机

用一根 BNC 触发线将相机电源线上的"TRIGGER"线和同步控制器的"T5"通道相连,用另外一根 BNC 触发线把激光器的 TTL 信号接口"TTL IN"和同步控制器的"T7"通道连接起来。

5)开机运行软件

开机运行软件,调出"硬件控制"窗口("图像"菜单中"硬件控制"命令或 ![icon]),再选中"相机控制"按钮,在相机控制窗口中,通信端口选择"CamLink",检测通过后,将"相机控制"窗口中相机"工作模式"选择为"PIV 模式"。若检测不通过,实验人员可以通过拔插相机上的电源进行复位,但不可热拔插相机数据线,然后再重新上述检测工作;若仍然检测不通过,关闭计算机后,关闭电源,重新进行 CCD 相机的数据线以及电源线的连接。

6)系统参数设定及对焦

加入示踪粒子(建议按照 1 t 水中加入 10 g 粒子的比例),运行实验测试段。

在"硬件控制"窗口中选择"激光器"按钮,在"跨帧时间"中输入一个合适的值(可参考 4.2 节中"跨帧时间设定"中所列出的经验值),选择合适的"工作频率",点击"高级设定",在"通道 7"的"脉冲宽度"栏中输入合适值(小于等于跨帧时间,建议最好低于 2000 μs,以免损坏相机),然后在"硬件控制"窗口中选择"相机控制",设定"曝光时间控制"栏中的值,使之与"激光器""高级设定"中"通道 7"的"脉冲宽度"数值一致(注意单位,"曝光时间控制"栏目的单位是毫秒,而"脉冲宽度"使用的单位是微秒)。

在"激光器"窗口中点击"运行",调节激光器能量到合适值,打开相机镜头盖,将镜头光圈从小到大调整至合适大小,然后观察激头照射区域中粒子的清晰度,调整光圈,直至图像显示清晰。至此,测量系统调焦完毕。在"激光器"窗口中点击"停止"按钮,停止系统运行。

7)拍摄标尺图像

获得标尺图像有两种方法,一种是利用所拍摄图像中某些实验段的特征尺寸,如已知的管道内径或外径尺寸,或实验段中某个物体的实际长度,将拍有这些特征尺寸物体图像保存下来就可作为标尺图像;另一种常用的标尺图像就是在片光处放置一把尺子(将激光能量调弱,利用自然光、电灯、手电筒等照亮尺子即可),只要在所拍摄图像中尺子上的刻度清楚地显示出来,这把尺子的图像就可作为标尺图像。

8)图像标定

选择图像缓存第二幅标尺图像,所截取标尺图像如图 6.28 所示。

图 6.28　标尺图像

在采集标尺图像时,如果光线不够明亮,所获得的标尺图像可能偏暗,此时,调出"灰度直方图"窗口("查看"菜单"直方图"命令或 ![icon],如图 6.29 所示),由图中可以看出,由于图像整体偏暗,灰度分布集中于比较小的一部分,使用鼠标左键点击右边小三角并向左边拖动,将灰度分布调整为如图 6.30 所示。

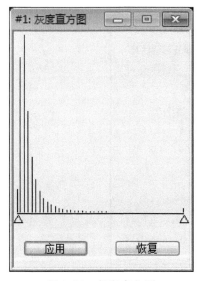

图 6.29　灰度直方图

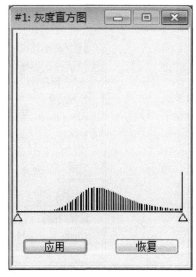

图 6.30　灰度分布调整后的灰度直方图

此时,图 6.28 中标尺图像就会变得很清楚,如图 6.31 所示。

图 6.31　灰度分布调整后的标尺图像

调出"数字标尺"窗口("查看"菜单中"数字标尺"命令或 ），取消"显示矩形区域"这一选项,在图像中按着鼠标左键沿刻度线画一条线(如图 6.32 所示)。

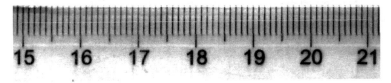

图 6.32　标尺标定

如图 6.33 所示,软件自动识别出图 6.32 中所绘制的直线实际长度为 59.98 mm,同时自动计算出图像放大率(此时的图像放大率为 0.0556936),在"跨帧时间"栏目中输入实验时所采用的跨帧时间(此处的跨帧时间为 100 μs）。选择"另存为"(）将标定后的标尺图像进行保存。

这里需要注意的是,如果所拍摄的标尺图像质量很差,或者使用其他非标准的物体(如实验使用的模型尺寸)来标定时,需要手动在"长度"栏中输入绘制直线的实际长度,然后点击"图像放大率"。

图 6.33　标尺设定窗口

9）图像记录

将激光器能量调节到正常值，在"硬件控制"窗口中选择"图像记录"按钮，在"图像缓存"栏目中"开始位置"及"截止位置"中输入存放图像的缓存位置，比如，"开始位置"处输入 1，"截止位置"处输入 100，即表示所记录图像保存在图像缓存中 1～100 中，一共采集 100 幅图，点击"激光器"中的"运行"，待系统稳定后再点击"记录"按钮，图像会被依次保存于图像缓存中。此时图像保存在内存中，并没有保存在硬盘上。

10）查看图像是否符合实验要求

查看图像分为两步进行，首先查看图像中粒子分布是否比较好，主要标志在于粒子数量是否比较多，且分布是否比较均匀。

其次，对经过第一步的筛选图像进行初步计算：调出"数字标尺"窗口（"查看"菜单中"数字标尺"命令或 ）。在待分析图像中选择合适的计算区域，并调用"PIV 向量计算"窗口（"查看"菜单中"PIV 计算窗口"命令或 ），设置好合适的计算参数，进行 PIV 计算。如果计算所得向量分布符合流动情况，明显的错误矢量较少，或经过修正后结果令人比较满意，均表示所采集图像满足实验要求。

如果对采集图像不满意，重复 6）、7）两个步骤至采集到满意的粒子图像（若计算所得的向量值偏大或偏小，则更改"激光器"窗口中的"跨帧时间"）。

11）保存记录图像

打开"保存图像序列"窗口（"文件"菜单中"保存图像序列"命令或 ），点击"浏览"按钮，设置图像保存所在目录，需要注意的是，图像序列保存时会自动为图像标号，默认标号为000001～999999，所以，在给第一幅图像取名时建议使用"1500us –"的形式，如图 6.34 所示，其中比较常见的形式是将文件名前半部分设置为双曝光时间间隔，中间加一个"–"以便让后续图像编号与文件名前半部分区分开。

图 6.34　序列图像保存命名

2. 实验图像的分析

1) 导入粒子图像

打开"打开图像序列"窗口（"文件"菜单中"打开图像序列"命令或 ），将一系列实验图像导入所设定的图像缓存区中。

2) 一对图像分析

若需要选择计算区域，只需打开"数字标尺"窗口（"查看"菜单中"数字标尺"命令或 ），按住鼠标左键并拖动选择计算区域。

打开"PIV 向量计算"窗口（"查看"菜单中"PIV 计算窗口"命令或 ），选择合适的参数进行 PIV 计算（也可以用默认值），直到计算出满意的结果为止。

3) PIV 图像批处理

打开"PIV 批处理"窗口（"分析"菜单中"PIV 计算批处理"的"PIV 计算批处理"命令），并设置好需要进行批处理的图像（如图6.35所示）。窗口中"起始"表示开始进行批处理的图像缓存序号，"结束"表示需要进行批处理的最后一个图像缓存序号。选择计算方式（在 PIV 模式下一般用默认参数即可），同时可选择 GPU 计算或者 CPU 多线程（参与计算图像总数必须是线程数的偶数倍），点击"确定"按钮，软件会按照之前设定好的各个参数对参与计算的图像进行批处理。

4) 保存计算结果

在保存计算结果前，首先需要浏览一下批处理结果。在实际实验采集所得的一批图像中，不排除有些计算结果所得向量场无法令人满意，对于这样的计算结果，有两种处理方法，一种是不保存这个

图 6.35　PIV 计算批处理

计算结果,另一种就是对其中某些图像重新选择计算参数再次重新进行计算。

上述工作完毕以后,调出"保存批处理结果"窗口("分析"菜单中"PIV 计算批处理"的"保存批处理结果"命令),设定保存的文件名以及需要保存的计算结果范围。若需要保存批处理的平均结果,需要在最后一个图像缓存位置(批处理完成后自动将平均结果放在最后一个图像缓存),打开"保存向量文件"窗口("文件"菜单中的"保存向量文件"命令或 ），选择好存储位置后点击"保存"。

5)对数据做进一步处理

至此,数据处理完毕,实验人员可使用 Tecplot、Origin 等软件对数据文件做进一步的分析。

6.2.3　补充案例

图 6.36 所示实验为 2018 年山东省科学院海洋仪器仪表研究所流体团队进行的一次 TR-PIV 实验,其目的是研究单振子泵在施加电信号时,所产生流场的运动规律。该实验需要较高的时间分辨率,所以采用了 TR-PIV 的方式进行。实验中采用了半导体连续激光器激光器,拍摄时采用的分辨率为 2048 pixel×1024 pixel。

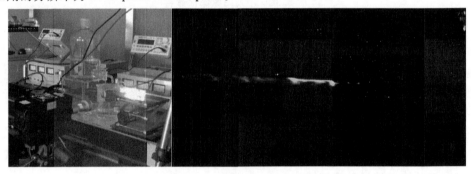

图 6.36　实验现场与粒子分布

由图 6.37 可见,施加电信号后,沿着单振子的方向产生了一个横向的流场,最高流速出现在单振子的中部,在单振子的尾部产生了一个向下的流场。TR-PIV 实验通过高时间分辨率的时均结果,可以准确地测量出准稳态下的微小流场运动与流场结构。

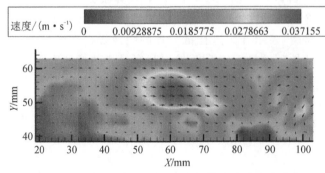

图 6.37　流场(背景色为涡量分布,箭头线为流线分布)

6.3　平面三维速度场粒子图像测速系统应用范例

平面三维速度场粒子图像测速(2D-3C PIV)的实验目的是测量一个平面上的三维速度矢量分布,即在平面内的二维速度矢量的基础上,增加了一个垂直于平面的法向速度分量。平面三维速度场 PIV 可以反映出流场在平面法向方向的运动。

6.3.1　系统介绍

平面三维速度场粒子图像测速系统如图 6.38 所示。

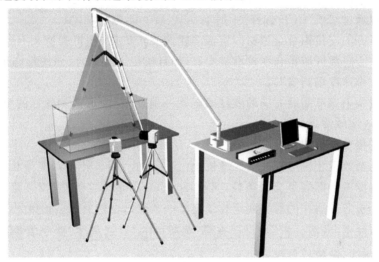

图 6.38　平面三维速度场粒子图像测速系统示意图

1. 实验数据采集

本节介绍平面三维速度场 PIV 系统校正、图像采集等工作的具体步骤。

1)放置三维机构

将两个装配好的三维机构(详细装配过程请参阅第 2 章"硬件系统使用")分别按照一定位置固定于导轨上,使相机能拍摄同一片流场区域(拍摄区域放置校准板图像)。

2)将激光片光源调整至测量位置

确定需要进行测量的位置,打开激光器,根据测量位置将片光源做相应的固定(注意遵守激光器操作安全守则),片光源厚大约为 2~8 mm;将校正板放置于测量位置。

3)连接相机

连接好 CCD 的电源线以及 CCD 与图像板之间的数据线。下面叙述均以左边 CCD 与第一块图像板连接,右边 CCD 与第二块图像板连接为例。安装 CCD 相机前需要切断电源插座供电,盖上镜头盖,并将镜头光圈调至最小。

4)开机运行软件

开机运行软件,在工具栏上使用"打开新图像板窗口" 功能调出♯2 图像窗口;在使用鼠标选中♯1 图像窗口的基础上,调出硬件控制窗口("图像"菜单中的"硬件控制"命令或),在

"相机控制"栏下,先对左侧相机进行检测。通信端口选择"CamLink",检测通过后即可进行下一步工作。若检测不通过,实验人员可以通过拔插相机上的电源进行复位,但不可热插拔相机数据线,然后重复上述检测工作,若仍然检测不通过,关闭计算机后,关闭电源,重新进行 CCD 相机的数据线以及电源线的连接。左侧相机检测通过后,在"CCD 选择"中选择"Head2",则右侧相机按照当前相机控制窗口中的参数进行检测并设定参数。

5)粗调测量系统

分别在鼠标选中♯1、♯2 窗口的基础上调出实时显示拍摄图像功能("图像"菜单中的"实时显示图像"命令或![icon]),"相机控制"中工作模式选择"连续模式",将镜头光圈调到最大,若需要进一步调节显示图像亮度可通过调节"相机控制"窗口中"曝光时间"选项设置(不同相机的曝光时间可以通过切换"CCD 选择"中的 Head1、Head2 进行设定)。

调整相机下方的连接铝合金型材固定板的粗调旋转机构(相机和镜头一齐转动),将两台相机拍摄到的中心图像区域重合在校准板中心,而且拍摄区域重合(详细操作要求请参阅第 5章"分析菜单/三维速度场测量")。

再将三维机构上调节前后方向的丝杠调至某一确定点,注意消除丝杠的空程。调节镜头焦距,使图像中心区域清晰。

6)第一次拍摄校正板图像

分别调整两台放置相机与镜头的三维机构(镜头静止,相机转动),使得相机芯片平面、镜头平面和所拍摄图像平面满足交线条件(又称 Scheimpflug 光学条件,拍摄流场的物平面、镜头所在平面和相机芯片所在的像平面延长线交于一条线),也就是相机拍摄到的倾斜图像全部清晰为止。可以注意"灰度分析"窗口("查看"菜单中的"直线灰度"命令或![icon])中(+/-)显示数值,此数值越大,图像质量越好。

此时,在鼠标分别选中♯1、♯2 窗口的基础上,通过"图像"菜单中的"捕捉一幅图像"或"![icon]"命令,使两台相机各拍摄一张图像分别保存至♯1 和♯2 图像板对应的第一个缓存位置。再使用"图像"菜单中的"显示下一幅图像"或者"![icon]"功能分别将♯1、♯2 窗口的图像显示调节到第二个缓存位置,以便继续拍摄。

7)第二次拍摄校正板图像

分别调节两台三维机构支座上的调节丝杠,顺时针转动两圈(一圈是 0.5 mm),将相机往校正板方向移动 1 mm。将两台相机拍摄所得图像分别保存至♯1 和♯2 图像板对应缓存中第 2 幅。此时,在鼠标分别选中♯1、♯2 窗口的基础上,通过"图像"菜单中的"捕捉一幅图像"或"![icon]"命令,使两台相机各拍摄一张图像分别保存至♯1 和♯2 图像板对应的第二个缓存位置。

8)第三次拍摄校正板图像(MicroVec 3.0 以上版本可省略此步骤)

对两台三维机构的调节步骤同第二次拍摄相同,不同之处在于拍摄所得图像分别保存至♯1 和♯2 图像板对应缓存中第 3 幅。

图像拍摄完成后,将两个相机光圈调到最小(光圈数最大)。

9)标定设定及自动标定

在鼠标选中♯1 图像窗口的基础上,打开♯1 图像板对应"图像校正"窗口("分析"菜单中"图像校正"命令或![icon]),如图 6.39 所示。

图 6.39　图像校正窗口

首先需要注意设置"标定设定"按钮对应的内容，对应窗口如图 6.40 所示。

图 6.40　标定参数设定窗口

此窗口中"尺寸下限"与"尺寸上限"分别对应于校正板中点图像对应参数，为此，需要确定标定点参数，具体步骤如下：

（1）打开"数字标尺"窗口（"查看"菜单中"数字标尺"命令或 ✿ ）；

（2）选择"显示矩形区域"选项，在一个点图像周围画一个矩形区域，此时，"标尺信息"中"坐标（Pixel）"栏会显示"起始点"及"终止点"的像素坐标，如图 6.41 所示，所关注的点的直径尺寸大致为：906－868＝38 pixel。至此，标定点尺寸参数即定，注意尺寸下限应该比图像中用于标定的 9 个点的最小直径略小，尺寸上限比用于标定的 9 个点的最大直径大（最好大 20 pixel 以上，因为在最后有图像拉伸的过程，直径会比实际拍摄的略大）。同时设定"灰度阈值"，即分别设定用于标定点灰度与背景灰度的值（可以通过使用"查看"菜单中的"图像信息"或者" ▣ "功能进行辅助判断）。

标尺信息				
	起始点		终止点	
坐标 (Pixel)	15	33.33	606	33.33
	15	438	606	438
长度 (mm)	40.81	0	0	0

图 6.41　校正点设置合适参数

(3)接下来就可以进行"自动标定",若提示标定不成功,有两种原因造成,一种就是"标定设定"中参数不合适,按上述步骤重新设置标定点参数;另一种就是第一次、第二次、第三次,这三次拍摄校正板图像不符合校正要求,需要重新开始左边 CCD 相机的步骤 6)、7)、8)、9)工作。

(4)若显示标定成功,则说明 CCD 相机拍摄图像可以用于正确标定。

10)保存校正板图像

分别将♯1以及♯2图像板对应图像缓存中校正板图像保存至硬盘中("文件"菜单中"保存图像序列"命令或 ![icon]),也可以使用"分析"菜单中"三维速度测量"命令或 ![icon](如图 6.42 所示),再选择"保存 3D 图像",此时将♯1、♯2 对应缓存位置的图像拼合成一张图像进行保存。

11)建立标定网格

打开"三维速度测量"窗口("分析"菜单中"三维速度测量"命令或 ![icon]),如图 6.42 所示。

图 6.42　三维速度测量窗口

确认窗口中如下设置:

"左侧相机设置"中选择:"相机选择:♯1";"第一帧图像:1";

"右侧相机设置"中选择:"相机选择:♯2";"第一帧图像:1";

Z 方向移动:1 mm(若使用异侧拍摄,即相机分别在激光片光两侧,需要选中"相机异侧摆放")。

点击"网格建立"按钮,由程序自动生成校正网格。

至此,测量系统已经调试完毕,下面可进行具体的实验工作。

若使用相机异侧布局的方式,标定完成后,需要将左侧相机向右侧相机平移标定靶盘厚度的距离。

12)图像记录

在"相机控制"窗口中分别将 Head1、Head2 相机的"工作模式"改成"PIV 模式"。

打开"硬件控制"窗口("图像"菜单中的"硬件控制"命令或 ![icon]），选择"图像记录"栏，确认"图像板设定"中两个图像板均已选择，根据需要在"图像缓存设定"设置中设定合适的"开始位置"与"截止位置"。

调出"硬件控制"窗口("图像"菜单中的"硬件控制"命令或 ![icon]），选择"激光器"栏，预设"跨帧时间"进行实验。点击"运行"，根据图像亮度调整相机光圈及激光器能量。

在合适的时间点击"图像记录"窗口中"记录"按钮，程序将按照记录设置采集相应数量的图像并将图像保存于内存中。

13)查看图像是否符合实验要求

查看采集图像是否符合实验要求，大致看两点，一点是看采集图像中粒子是否清晰，粒子图像密度是否合适；另一点就是对采集结果进行试计算，看计算所得结果是否满足实验要求。

对于第二点，针对选择的实验图像，使用"三维速度测量"窗口中的"3D PIV 计算"按钮进行三维 PIV 计算，若♯1 和♯2 图像板对应缓存中显示向量分布结果尚可或修正后结果尚可，即表明所考察图像满足实验要求，可多计算几组图像，查看结果中向量分布。

如果觉得本次采集图像无法满足实验要求，则重复 12)以及 13)的工作内容至采集到满意的图像为止；若对采集图像满意，可进行下一步工作。

14)保存记录图像

针对♯1 以及♯2 图像板，分别保存所记录的实验图像("文件"菜单中的"保存图像序列"命令或 ![icon]）。也可以使用"分析"菜单中的"三维速度测量"命令或 ![icon]，再选择"保存 3D 图像"，此时将♯1、♯2 对应缓存位置的图像拼合成一张图像进行保存。

至此，一次平面三维速度场 PIV 实验采集部分工作进行完毕，在不改变片光源位置的情况下，可调节流动参数以及相应的采集参数(曝光间隔时间或缓存中采集图像总数)，进行其他流动参数的测量。如果需要改变片光源位置，则需要重新进行标定、记录等工作。

上述步骤总结为如下所示平面三维速度场 PIV 实验流程图，如图 6.43 所示。

2.实验图像分析

采集图像时也对实验图像进行过分析，但那是为了查看采集图像是否满足实验要求而进行的初步工作，本节将系统介绍实验图像分析步骤。

1)导入校正板图像

在♯1 图像板对应图像缓存中打开图像采集时保存的两幅校正板图像("文件"菜单中的"打开图像序列"命令或 ![icon]），将校正板图像保存于缓存的第 1、2、3 幅中；采取同样的步骤在♯2 图像板对应图像缓存中打开三幅校正板图像。也可以在"三维速度测量"中使用"打开 3D 图像"功能打开已保存的 3D 图像。

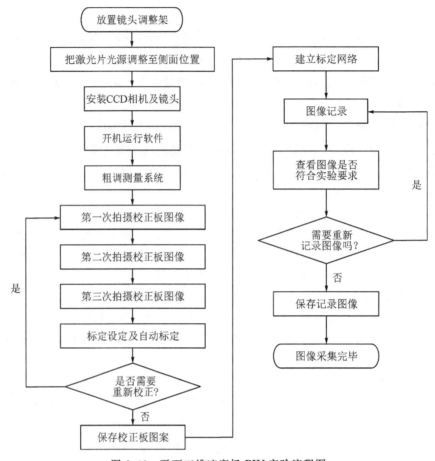

图 6.43　平面三维速度场 PIV 实验流程图

2)标定设定及自动标定

此处标定过程与采集图像过程中的"标定设定及自动标定"过程类似,由于不会出现校正板图像不符合校正要求的情况,只需要注意"标定设定"中"标定点参数"的设置即可。

3)建立标定网格

与图像采集过程中"建立标定网格"过程一样。

4)图像标定

图像标定工作是为了设定每个像素对应实际长度的大小。

5)设置标尺信息

打开"数字标尺"窗口("查看"菜单中的"数字标尺"命令或 ![icon]),点击"三维标定",在"标尺信息"栏中起始点或者终止点中,输入标定靶盘中用于标定的 9 个点的横向、纵向中心距,如图 6.44、图 6.45 所示。

图 6.44　输入标定数据界面

点击"图像放大率"按钮,并设置好相应的双曝光延时,此时系统自动计算图像放大率。

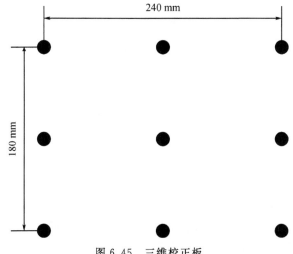

图 6.45　三维校正板

6)实验图像分析

首先在♯1 窗口被选中的基础上,进行一次二维计算,选择合适的计算区域、计算参数;再进行三维 PIV 的计算。对应三维 PIV 计算有两个命令:"3D PIV 计算"(计算得到 1 个 3D PIV 数据)和"PIV 批处理"(进行 3D PIV 批处理计算)。可根据需要选择这两个命令进行计算。

7)保存计算结果

选择"文件"菜单中的"保存向量文件"命令或点击 ↻ 按钮,将三维计算结果做相应的保存。对使用"PIV 批处理"命令处理所得的大量数据,可使用"分析"菜单中"PIV 批处理"中的"保存批处理结果"命令进行保存。

8)对数据做进一步处理

可在 Tecplot 或 Origin 等软件中对计算所得数据做进一步分析处理。

通过上述 8 个步骤即可完成实验图像分析,流程图如图 6.46 所示。

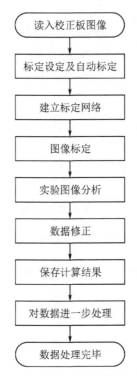

图 6.46　平面三维速度场 PIV 图像分析步骤流程图

6.3.2　补充案例

图 6.47 为 2008 年湖南大学[36]进行的一次平面三维速度场 PIV 实验。其实验目的是利用平面三维速度场 PIV 技术,在汽车风洞中进行模拟实验,得到某汽车模型在不同来流速度、不同截面位置的流场信息,进而分析得到气动阻力的相关信息。

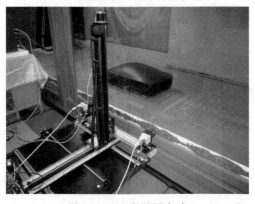

图 6.47　汽车风洞实验

实验结果如图 6.48 所示,在准确获得了前进方向空气流场分布的同时,获得了垂直于测量面的法向速度分量,在将多段测试结果进行拼接后,获得了完整的流场分布信息。

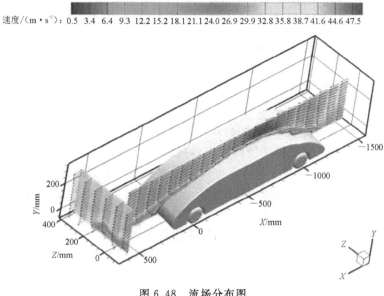

速度/(m·s⁻¹)：0.5 3.4 6.4 9.3 12.2 15.2 18.1 21.1 24.0 26.9 29.9 32.8 35.8 38.7 41.6 44.6 47.5

图 6.48　流场分布图

6.4　同步控制器外触发应用范例

前面几节的应用都是同步控制器在设定好的参数下，以内同步的方式工作。本节将讲到同步控制器在接收外部信号后进行工作的范例。分"外同步"和"外门控"两种外部触发工作模式。采用这两种外部触发模式，可以精确地在研究者需求的时间点拍摄出流场结果。

6.4.1　外同步

同步控制器接收到一个 $0\sim5$ V 的外部跳变的 TTL 信号后（响应延迟约 200 μs），PIV 系统工作一次，各个通道间的时序在软件中事先设定好。

PIV 系统在外同步工作模式下的时序图如图 6.49 所示（相机使用的是 PIV 模式）。

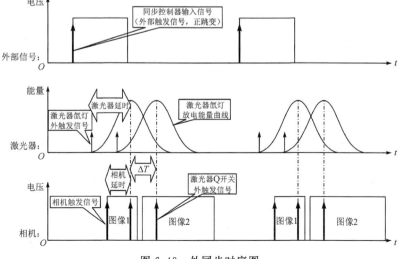

图 6.49　外同步时序图

下面以测量三个桨叶的螺旋桨外同步锁相测量方案为例。

螺旋桨具有三个桨叶,转速为 50 r/s(以叶片轴安装编码盘或感应传感器,每旋转一周输出 3 个脉冲信号)。如果要拍摄测量其中一个叶片后面不同时刻的流场照片,可以采用下述方案:

同步控制器的 T_1、T_3 通道对应激光器的氙灯触发信号,T_2、T_4 对应调 Q 出光的时刻,T_5 对应提供给相机的触发信号,将同步控制器设定在外同步状态(如图 6.50 所示),同时分频次数设定为 30(计数 30 个外部输入脉冲后,即旋转机械转动 10 周工作一次,让同步控制器输出一次脉冲控制信号),可以按照激光器的出光参数和出光间隔设定延时 T_1,T_2,T_3,T_4,T_5 用于触发相机提前打开电子快门,分别将 T_3、T_4 触发时刻的两个脉冲光捕捉到相机的两幅图像中。这样只需要各个通道一起增加或减少所有同步脉冲输出的时间延时(相位延时),就可以捕捉叶片转过后不同相位时刻的流场照片,图 6.51 中设定在拍摄叶片转过 90°的位置。

图 6.50 外同步参数设定

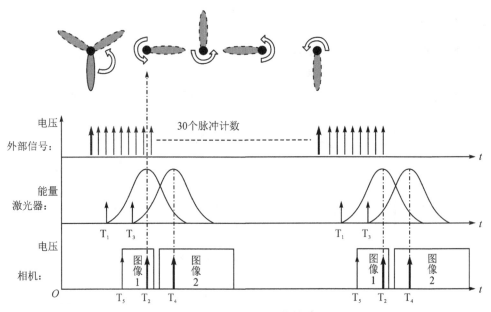

图 6.51 外同步锁相工作效果图

输入信号在分频后,其频率不能高于 PIV 系统的最高工作频率,否则需要重新调整分频次数,使同步控制器的输出信号频率小于等于 PIV 系统最高工作频率。

6.4.2　外门控

"外门控"工作方式是外部提供一个 0～5 V 的电平信号给同步控制器后(同步控制器延迟约 200 μs),PIV 系统会在高电平期间,按照软件预先设定好的频率和工作方式进行工作;当检查到低电平信号时,系统停止工作。软件设定如图 6.52 所示。工作频率可以根据实验人员需求来调整(不能超过系统最高工作频率)。"外部分频"用于调整外部信号频率,"相位延时"可以设定外部信号和 PIV 系统工作时间的时间差。

图 6.52　外门控参数设置

PIV 系统在外同步工作模式下的时序图如图 6.53 所示(相机采用 PIV 模式)。

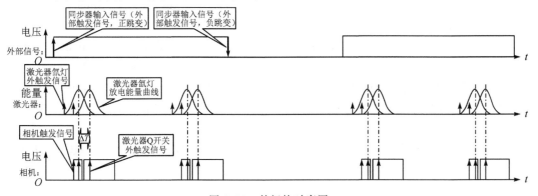

图 6.53　外门控时序图

参考文献

[1] PRANDTL L. Über die stationären Wellen in einem Gasstrahl[J]. Phys. Z. ,1904,5: 599 - 601.

[2] BARKER D B,FOURNEY M E. Measuring fluid velocities with speckle patterns[J]. Optics Letters, 1977,1(4):135 - 137.

[3] DUDDERAR T D,SIMPKINS P G. Laser speckle photography in a fluid medium[J]. Nature, 1977,270(5632):45 - 47.

[4] GROUSSON R,MALLICK S. Study of flow pattern in a fluid by scattered laser light [J]. Applied Optics, 1977,16(9): 2334 - 2336.

[5] PICKERING C J D,HALLIWELL N A. Laser speckle photography and particle image veloci-metry: photographic film noise[J]. Applied Optics, 1984,23(17): 2961 - 2969.

[6] ADRIAN R J. Scattering particle characteristics and their effect on pulsed laser measure-ments of fluid flow: speckle velocimetry vs particle image velocimetry[J]. Applied Op-tics, 1984,23(11):1690 - 1691.

[7] KEANE R D,ADRIAN R J. Theory of cross-correlation analysis of PIV images[J]. Ap-plied Scientific Research, 1992,49(3):191 - 215.

[8] NISHINO K, KASAGI N,HIRATA M. Three-Dimensional Particle Tracking Velocim-etry Based on Automated Digital Image Processing[J]. Journal of Fluids Engineering, 1989,111(4):384 - 391.

[9] LOURENCO L M, GOGINENI S P,LASALLE R T. On-line particle-image velocime-ter: an integrated approach[J]. Applied Optics, 1994,33(13):2465 - 2470.

[10] GUEZENNEC Y G, BRODKEY R S, Trigui N,et al. Algorithms for fully automated three-dimensional particle tracking velocimetry[J]. Experiments in Fluids, 1994, 17 (4):209 - 219.

[11] DRACOS T, VIRANT M, MAAS H G. Three-dimensional particle tracking velocime-try based on photogrammetric determination of particle coordinates. SPIE's 1993 Inter-national Symposium on Optics, Imaging, and Instrumentation. Vol. 2005,1993:SPIE.

[12] MALIK N A, DRACOS T, PAPANTONIOU D A. Particle tracking velocimetry in three-dimensional flows[J]. Experiments in Fluids, 1993,15(4):279 - 294.

[13] SCARANO F. Tomographic PIV: principles and practice[J]. Measurement Science and Technology, 2012,24(1): 012001.

[14] ELSINGA G. E, SCARANO F, WIENEKE B, et al. Tomographic particle image ve-locimetry[J]. Experiments in Fluids, 2006,41(6):933 - 947.

[15] HUMBLE R A, ELSINGA G E, SCARANO F,et al. Three-dimensional instantaneous

structure of a shock wave/turbulent boundary layer interaction[J]. Journal of Fluid Mechanics, 2009,622:33 – 62.

[16] SCARANO F,POELMA C. Three-dimensional vorticity patterns of cylinder wakes[J]. Experiments in Fluids, 2009,47(1):69 – 83.

[17] BUCHNER A J, BUCHMANN N, KILANY K,et al, Stereoscopic and tomographic PIV of a pitching plate[J]. Experiments in Fluids, 2012,52(2):299 – 314.

[18] VIOLATO D, MOORE P, SCARANO F. Lagrangian and Eulerian pressure field evaluation of rod-airfoil flow from time-resolved tomographic PIV[J]. Experiments in Fluids, 2011,50(4):1057 – 1070.

[19] KIM H, GROSSE S, ELSINGA G E, et al. Full 3D-3C velocity measurement inside a liquid immersion droplet[J]. Experiments in Fluids, 2011,51(2): 395 – 405.

[20] ADHIKARI D,LONGMIRE E K. Infrared tomographic PIV and 3D motion tracking system applied to aquatic predator-prey interaction[J]. Measurement Science and Technology, 2013,24(2): 17.

[21] ADHIKARI D, GEMMELL B J, HALLBERG M P,et al. Simultaneous measurement of 3D zooplankton trajectories and surrounding fluid velocity field in complex flows[J]. Journal of Experimental Biology, 2015,218(22): 3534 – 3540.

[22] ADHIKARI D, WEBSTER D R,YEN J. Portable tomographic PIV measurements of swimming shelled Antarctic pteropods[J]. Experiments in Fluids, 2016,57(12): 17.

[23] HINSCH K D. Three-dimensional particle velocimetry[J]. Measurement Science and Technology, 1995,6(6):742 – 753.

[24] NGUYEN N T, WERELEY S T. Fundamentals and Applications of Microfluidics [M]. [s. l.]:Artech House,2002.

[25] KIRBY B J. Micro- and Nanoscale Fluid Mechanics: Transport in Microfluidic Devices [M]. [s. l.]:Cambridge University Press,2010.

[26] QIN L, HUA J, ZHAO X,et al. Micro-PIV and numerical study on influence of vortex on flow and heat transfer performance in micro arrays. Applied Thermal Engineering, 2019,161:114186.

[27] BRAUD C,LIBERZON A. Real-time processing methods to characterize streamwise vortices [J]. Journal of Wind Engineering and Industrial Aerodynamics, 2018,179: 14 – 25.

[28] DAY S W, MCDANIEL J C, WOOD H G,et al. A prototype HeartQuest ventricular assist device for particle image velocimetry measurements[J]. Artificial Organs, 2002, 26(11):1002 – 1005.

[29] KAUFMANN T A S, NEIDLIN M, BüSEN M,et al. Implementation of intrinsic lumped parameter modeling into computational fluid dynamics studies of cardiopulmonary bypass[J]. Journal of Biomechanics, 2014,47(3):729 – 735.

[30] CHAOMUANG N, FLICK D, DENIS A,et al. Experimental and numerical characterization of airflow in a closed refrigerated display cabinet using PIV and CFD techniques [J]. International Journal of Refrigeration, 2020,111:168 – 177.

[31] ZHANG N, GAO B, LI Z, et al. Unsteady flow structure and its evolution in a low specific speed centrifugal pump measured by PIV[J]. Experimental Thermal and Fluid Science, 2018,97:133-144.

[32] 牛中国,胡秋琦,梁华,等.飞翼模型微秒脉冲等离子体控制低速风洞试验研究[J].推进技术,2019,40(12):2816-2826.

[33] VOLPE R, FERRAND V, DA SILVA A,et al. Forces and flow structures evolution on a car body in a sudden crosswind[J]. Journal of Wind Engineering and Industrial Aerodynamics, 2014,128:114-125.

[34] WHITE D J, TAKE W A,BOLTON M D. Soil deformation measurement using particle image velocimetry (PIV) and photogrammetry[J]. Geotechnique, 2003,53(7):619-631.

[35] GONZáLEZ-NERIA I, ALONZO-GARCIA A, MARTíNEZ-DELGADILLO S A, et al. PIV and dynamic LES of the turbulent stream and mixing induced by a V-grooved blade axial agitator[J]. Chemical Engineering Journal, 2019,374:1138-1152.

[35] 陈细军,谷正气,何忆斌,等.PIV 技术在汽车模型风洞中的应用[J].汽车工程,2009,31(02):170-174.